高职高专计算机系列规划教材

软件测试技术基础

冉 娜 陈莉莉 主 编

林 静 汪 超 副主编

電子工業出版社

Publishing House of Electronics Industry

北京 • BEIJING

内 容 简 介

本书阐述了软件测试的基本理论和主要测试工具的使用方法，并从软件工程和软件开发流程的角度展开和介绍软件测试的知识、技术及应用的策略、过程及方法。全书共9章，内容包括软件测试入门、软件测试计划与策略、黑盒测试、白盒测试、单元测试、集成测试、系统测试、测试管理、移动软件测试。

本书可作为高职高专院校的软件工程、软件技术、软件测试及相关的信息技术类专业教材，也可作为参加国际软件测试工程师认证（ISTQB）的参考资料。

图书在版编目（CIP）数据

软件测试技术基础 / 冉娜，陈莉莉主编. —北京：电子工业出版社，2017.2
ISBN 978-7-121-30218-3

Ⅰ. ①软…　Ⅱ. ①冉…　②陈…　Ⅲ. ①软件—测试—高等职业教育—教材　Ⅳ. ①TP311.5

中国版本图书馆 CIP 数据核字（2016）第 258315 号

策划编辑：吕　迈
责任编辑：郝黎明　特约编辑：张燕虹
印　　刷：北京七彩京通数码快印有限公司
装　　订：北京七彩京通数码快印有限公司
出版发行：电子工业出版社
　　　　　北京市海淀区万寿路 173 信箱　邮编　100036
开　　本：787×1 092　1/16　印张：13.25　字数：340 千字
版　　次：2017 年 2月第 1 版
印　　次：2021 年 1月第 4 次印刷
定　　价：33.00 元

凡所购买电子工业出版社图书有缺损问题，请向购买书店调换。若书店售缺，请与本社发行部联系，联系及邮购电话：（010）88254888，88258888。

质量投诉请发邮件至 zlts@phei.com.cn，盗版侵权举报请发邮件至 dbqq@phei.com.cn。

本书咨询联系方式：（010）88254569，xuehq@phei.com.cn，QQ1140210769。

前　言

编者在一线从事教学工作十余年，选用过多本软件测试的教材和参辅资料，从中获益良多，但也深感找一本适合高等职业院校学生的教材颇为不易。为解决这一难题，并将在教学工作中积累的微薄经验以飨更多的读者，才萌发了编写此书的初衷。

很多从事软件测试的教师一直研究的课题是如何将理论与实践联系起来，让学生容易懂，教起来也游刃有余。本书从学生和教师的角度出发，将理论和实践结合起来，选材精简，重点突出，并注重结构的完整。本书从最基本的知识点开始，配以实用的测试案例，比较全面地介绍了软件的测试内容、测试方法、测试过程和工具，通过相关测试理论与知识点的学习，层层深入地培养测试技能，而移动测试内容则更多地关注于如何进行实际项目的移动测试应用，具体学习路径如图 0.1 所示。

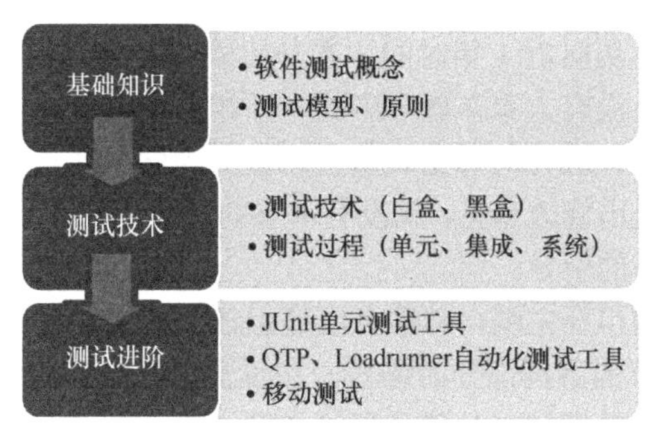

图 0.1　学习路径

本书特色

（1）门槛低，容易入手。本书选取的内容从基础知识入手，不要求读者有太多的背景知识，只要认真，入手很容易。

（2）讲解深入浅出，循序渐进。从基础知识、测试方法、自动化测试到移动测试，整个过程采用循序渐进的方式，内容梯度从易到难，适合各个层次的读者阅读。

（3）理论与实践一体化。本着“学生能用，教师好用，企业需要”的原则，注重理论与实践一体化，实际案例的编写尽可能地接近实际，让读者充分理解和掌握知识点。

（4）增加移动测试。随着测试的发展，APP 测试也是一个很热门的测试方向。本书以手机上的 APP 游戏为例，介绍 APP 的测试方法。

教学安排

本书建议教学课时为 64 课时，如果是移动专业，建议课时为 80 课时。主要内容如

表 0.1 所示。

表 0.1　章节内容

章节序号	章节名	主要内容	案例
第 1 章	软件测试入门	软件测试、软件周期、测试模型、测试用例	项目的测试用例编写
第 2 章	软件测试计划与策略	测试计划、测试策略	项目测试计划编写
第 3 章	黑盒测试	等价类、边界值、因果图、决策表	项目黑盒测试
第 4 章	白盒测试	覆盖测试、路径测试	项目白盒测试
第 5 章	单元测试	单元测试方法、策略	JUnit 单元测试
第 6 章	集成测试	集成测试方法、策略	QTP 测试订票系统
第 7 章	系统测试	系统测试内容	Loadrunner 测试订票系统
第 8 章	测试管理	测试过程、测试管理	管理系统的 BugFree 使用
第 9 章	移动软件测试	APP 测试	手机游戏测试

致谢

经过近 3 年的酝酿，历时近 1 年时间，本书初稿基本成形。在此，感谢参加本书编写的所有同事的辛苦付出，没有大家在教学中的不断积累，就没有本书的面世；没有大家对课程的教学标准和整体设计进行的讨论和研究，甚至为学术而争论，就没有本书的面世；没有学术前辈的指导并提出修改意见，就没有本书的面世，最后还要感谢参考文献的作者，感谢他们的资料给予本书的引导。

本书由冉娜、陈莉莉担任主编，林静、汪超担任副主编。其中，冉娜负责第 3 章、第 9 章以及第 6 章和第 7 章的案例部分的编写，并负责全书的总体设计及统稿；陈莉莉负责第 1 章、第 4 章、第 5 章的编写；林静负责第 2 章、第 8 章的编写；汪超负责第 6 章、第 7 章部分内容的编写。感谢计算机系领导陈浩、白俊峰、罗国涛对本书编写给予的关心和指导，并感谢他们参与了本书部分案例的编写工作；感谢贺平教授对本书认真的审读及提出的建议。

本书采用了大量测试案例，在此特别感谢四川诺鼎信科技有限公司、成都秋原科技有限公司、成都艾邦数据处理有限公司对本书的大力支持，并对上述公司提供案例及指导的刘小林先生、蒋文君先生、蒋志河先生、寇燕女士、程遥女士及夏淑容女士表示衷心的感谢。

在此，对所有老师的辛勤工作表示衷心的感谢。

由于作者水平有限，时间仓促，书中不妥之处在所难免，恳请各位读者给予指正。如有建议或意见可联系作者（邮箱：250120420@qq.com）。

作　者

2016 年 9 月

目　　录

第1章 软件测试入门

随着我国软件产业的蓬勃发展和软件系统的规模与复杂性的急剧增加，软件开发成本及由于软件故障造成的经济损失在不断增加，因此软件质量问题越来越被企业所重视。软件测试是保证软件质量的主要手段。近几年来，社会对软件测试人员的需求迅速增长。

1.1 软件、软件生命周期与软件缺陷

在进行软件测试之前，首先介绍几个相关的概念。

1.1.1 软件和软件生命周期

什么是软件？软件是计算机程序、程序所用的数据及有关文档资料的集合。其各组成部分可具体描述为：

（1）程序是能够完成预定功能和性能的、可执行的指令集。

（2）数据是使程序能够正确运行的数据结构。

（3）文档是程序研制过程和使用方法的描述。

像我们经常使用的 Windows、Android、Office、QQ、PhotoShop、微信、滴滴打车、百度地图等都是软件产品。

同任何事物一样，一个软件产品或软件系统也要经历孕育、诞生、成长、成熟、衰亡等阶段，这些阶段统称为软件生命周期。把整个软件生存周期划分为若干阶段，并为每个阶段规定明确的任务，可以使规模庞大、结构复杂、管理困难的软件的开发变得容易控制。通常，软件生命周期包括：

（1）问题定义。要求系统分析员与用户进行交流，弄清“用户需要计算机解决什么问题”，然后提出关于“系统目标与范围的说明”，提交用户审查和确认。

（2）可行性研究。一方面在于把待开发的系统的目标以明确的语言描述出来，另一方面从经济、技术、法律等多方面进行可行性分析。

（3）需求分析。弄清用户对软件系统的全部需求，编写需求规格说明书和初步的用户手册，提交评审。

（4）软件开发。软件开发由以下三个阶段组成。

- 软件设计：此阶段主要根据需求分析的结果，对整个软件系统进行设计，如系统框架设计、数据库设计等。软件设计一般分为总体设计和详细设计。好的软件设计将为软件程序编写打下良好的基础。
- 软件实现：此阶段是根据选定的程序设计语言，将软件设计的结果转换成计算机可运行的程序代码。在程序编码中必须制定统一、符合标准的编写规范，以保证程序的可读性、易维护性，提高程序的运行效率。
- 软件测试：在软件开发过程中和开发完成后要经过严密的测试，以发现软件中存在的问题并加以纠正。整个测试过程包括单元测试、集成测试、系统测试三个阶段。测试的方法主要有黑盒测试和白盒测试两种。在测试过程中需要建立详细的测试计划并严格按照测试计划进行测试，以减少测试的随意性。

（5）软件维护。软件维护包括以下四个方面。

- 改正性维护：在软件交付使用后，由于开发测试时的不彻底、不完全，必然会有一部分隐藏的错误被带到运行阶段，这些隐藏的错误在某些特定的使用环境下就会暴露。
- 适应性维护：是为适应环境的变化而修改软件的活动。
- 完善性维护：是根据用户在使用过程中提出的一些建设性意见而进行的维护活动。
- 预防性维护：是为了进一步改善软件系统的可维护性和可靠性，并为以后的改进奠定基础的维护活动。

从广义的角度看，软件测试是软件开发的一个子过程。从狭义的角度看，软件开发是生产制造软件，软件测试是验证开发出来软件的质量，其关系是：

（1）没有软件开发就没有测试，软件开发提供软件测试的对象。

（2）软件开发和软件测试都是软件生命周期中的重要组成部分。

（3）软件测试是保证软件开发产品质量的重要手段。

由于越早发现软件存在的问题，修正的成本越低，所以软件测试是伴随整个软件生命周期的，且其不仅要发现问题，还要纠正发现的问题。

1.1.2 软件缺陷

对于软件来讲，不论采用什么样的技术和方法，软件中都会存在缺陷。标准商业软件里也存在缺陷，只是严重的程序不同而已。虽然采用新的编程语言、先进敏捷的开发方式、完善的流程管理可以很大程度地减少缺陷的引入，但最终还是难以杜绝。正是因为软件缺陷的存在，才有了软件测试的必要性。为了更好地理解和完成软件测试，下面对软件缺陷做一介绍。

1. 软件缺陷的定义

软件缺陷是指计算机系统或者程序中存在的任何一种破坏正常运行能力的问题、错误，或者隐藏的功能缺陷、瑕疵，常用“bug”表示。缺陷会导致软件产品在某种程度上不能满足用户的需要。这里，我们介绍几个典型和最近出现的软件缺陷带来的灾难性后果。

（1）千年虫。

20 世纪 70 年代，程序员为了节约非常宝贵的内存资源和硬盘空间，在存储日期时，只保留年份的后 2 位，如“1980”被存为“80”。但是，这些程序员万万没有想到他们的程序会一直被用到 2000 年，当 2000 年到来的时候，问题出现了。比如银行的计算机可能将 2000 年解释为 1900 年，引起利息计算上的混乱，甚至自动将所有的记录消除。所以，当 2000 年快要来到的时候，为了这样一个简单的设计缺陷，全世界付出了几十亿美元的代价。

（2）“冲击波”计算机病毒。

2003 年 8 月 11 日，“冲击波”计算机病毒首先在美国发作，使美国的政府机关、企业及个人用户的成千上万台计算机受到攻击。随后，冲击波蠕虫很快在 Internet（因特网）上广泛传播，中国、日本和欧洲等国家也相继受到不断的攻击，结果使十几万台邮件服务器瘫痪，给整个世界范围内的 Internet 通信带来惨重损失。

制造冲击波蠕虫的黑客仅仅用了 3 周时间就制造了这个恶毒的程序，“冲击波”计算机病毒仅仅是利用微软 Messenger Service 中的一个缺陷，攻破计算机安全屏障，就使基于 Windows 操作系统的计算机崩溃。

（3）爱国者导弹防御系统。

美国爱国者导弹防御系统是主动战略防御系统的简化版本，它首次被用在第一次“海湾战争”中对抗伊拉克飞毛腿导弹的防御作战中，总体上看效果不错，赢得各种的赞誉。但它还是有几次未能成功拦截伊拉克飞毛腿导弹，其中一枚在多哈的飞毛腿导弹造成 28 名美国士兵死亡。分析专家发现，拦截失败的症结在于一个软件缺陷，当爱国者导弹防御系统的时钟累计运行超过 14h 后，系统的跟踪系统就不准确。在多哈袭击战中，爱国者导弹防御系统运行时间已经累计超过 100 多个小时，显然那时的跟踪系统已经很不准确，从而造成这种结果。

（4）放射性机器系统。

由于放射性治疗仪 Therac-25 中的软件存在缺陷，导致几个癌症病人受到非常严重的放射性治疗，其中 4 个人因此死亡。

（5）美国联航系统免费发放机票。

2013 年 9 月 12 日，美联航售票网站一度出现问题，售出票面价格为 0～10 美元的超低价机票，引发乘客抢购。大约 15min 后，美联航发现错误，关闭售票网站并声称正在进行维护。大约两个多小时后，该公司购票网站恢复正常，并且承认已卖出的票有效。

但是事情并没有结束，一个月后，注册常旅卡的用户在取消过程中，只需花几美元即可购买实际价值为几千美元的机票。美联航发飙了，指责发现该 bug 的用户，认为有人“有意”操作网站，因此不承认这些机票。通常，软件公司会对发现重大 bug 的用户给予一定的奖励，但这样的事情并未在美联航身上发生。

（6）Dropbox 宕机 1h。

当你在把数据上传到公共云时，你是否担心过数据会被黑客攻击，有一天，你无法访问这些数据，虽然很恐怖，但噩梦还是变成了现实。

云端存储解决服务提供商 Dropbox 在 2013 年 5 月发生了一次宕机事件，事件持续 1h，用户无法使用 Dropbox，在页面上显示无法链接服务器。而在 2013 年，Dropbox 共发生过两次宕机事件，虽然官方回应并非遭到黑客攻击，但仍然引发不少用户的担心。

（7）CBOE 事件。

CBOE（Chicago Board Options Exchange）是美国最大的期权交易所。2013 年 4 月，CBOE 因软件故障引起延迟开盘事件，事故从早上 8:30 开始，直到中午 12 点才全部开盘。导致此事件的缺陷主要源于一个产品维护功能，是由于该功能中针对一个期权类进行标识符号改变而引起的。在事件结束后，CBOE 因监管失败被罚款 600 万美元。

（8）FSSA 信息泄露事件。

2013 年 5 月，印第安纳州家庭和社会服务管理局（FSSA）泄露了用户的私人信息，其中包括社会安全号码以及错误的收件人信息，其中大约有 188000 人的信息被公开。

FSSA 花了一个月的时间来修复这些错误，并且被公开信息的用户也的确因此受到了影响。现在，不仅用户在使用该系统时会陷入困境，而且他们更担心个人信息会被陌生人利用或者操作来攻击他们。

对于软件缺陷的准确定义，通常有以下 5 条描述。

（1）软件未实现产品说明书要求的功能。

（2）软件出现了产品说明书指明不会出现的错误。

（3）软件实现了产品说明书未提到的功能。

（4）软件未达到产品说明书虽未明确指出但应该实现的目标。

（5）软件难以理解、不易使用、运行缓慢或者终端用户认为不好。

为了更好地理解每一条规则，我们以计算器为例进行说明。

计算器的产品说明书声称它能够无误地进行加、减、乘、除运算。当你拿到计算器后按下“+”键，结果什么反应也没有，根据第（1）条规则，这是一个软件缺陷。

若产品说明书声称计算器永远不会崩溃、锁死或者停止反应，而当你任意按键时，计算器停止接收输入，根据第（2）条规则，这是一个软件缺陷。

若对计算器进行测试发现除了加、减、乘、除之外，它还可以求平方根，而说明书中没提到这一功能，根据第（3）条规则，这是一个软件缺陷。

若在测试计算器时发现电池没电会导致计算不准确，但产品说明书未提出这个问题，根据第（4）条规则，这是一个软件缺陷。

如果软件测试员发现“=”键的布置位置不易于使用，或者在明亮光下显示屏难以看清，则根据第（5）条规则，这是一个软件缺陷。

2. 软件缺陷产生的原因

在软件生命周期的各个阶段都可能引入缺陷。软件缺陷的产生，首先是不可避免的。那么，造成软件缺陷的原因有哪些呢？从软件本身、团队工作、技术问题和项目管理方面对软件缺陷的原因归纳如下。

（1）软件本身问题。

- 软件需求等文档错误、内容不正确或拼写错误，导致设计目标偏离客户的需求，从而引起功能或产品特征上的缺陷。
- 系统结构复杂，使得层次或组件结构设计考虑不够周全，引起强度或负载问题，结果导致意想不到的问题或系统维护、扩充上的困难。
- 对程序逻辑路径或数据范围的边界考虑不够周全，漏掉某些边界条件，造成容量或边界错误。
- 对一些实时应用系统，由于没有进行精心设计和技术处理来保证精确的时间同步，容易引起时间上不协调、不一致的问题。
- 没有考虑系统崩溃后在系统安全性、可靠性方面的隐患。
- 系统运行环境复杂，容易引起一些特定用户环境下的问题。
- 由于通信端口多、存取和加密手段的矛盾性等，造成系统的安全性与适用性缺陷。
- 事先没有考虑到新技术的采用涉及的技术或系统兼容的问题。

（2）团队工作问题。

- 系统需求分析时，对客户的需求理解不清楚，或者和用户的沟通存在一些困难。
- 不同阶段的开发人员相互理解不一致，如软件设计人员对需求分析的理解有偏差，编程人员对系统设计规格说明书中某些内容重视不够或存在误解。
- 对于设计或编程上的一些假定或依赖性，没有得到充分的沟通。
- 项目组成员的技术水平参差不齐，新员工较多，或培训不够。

（3）技术问题。

- 算法错误：在给定条件下，没能给出正确或准确的结果。
- 语法错误：对于编译性语言程序，编译器可以发现这类问题，但对于解释性语言程序，只能在测试运行时发现。
- 计算和精度问题：计算的结果没有满足所需要的精度。
- 系统结构不合理，造成系统性能低下。
- 接口参数传递不匹配导致的问题。

（4）项目管理问题。

- 缺乏质量文化，不重视质量计划，对质量、资源、任务、成本等的平衡性把握不好，容易挤掉需求分析、评审、测试等时间，遗留较多的缺陷。
- 开发周期短，需求分析、设计、编程、测试等各项工作不能完全按照定义好的流程来进行，工作不够充分，导致错误较多，同时，周期短还给各级开发人员造成太大的压力，引起一些人为的错误。

- 开发流程不够完善，存在太多的随机性和缺乏严谨的内审或评审机制，容易产生问题。
- 文档不完善，风险估计不足。

3. 软件缺陷的组成

由于造成软件缺陷的原因较多，所以软件缺陷的组成结果较复杂。按需求分析结果来划分，软件缺陷包括规格说明书缺陷、系统设计结果缺陷、代码编写缺陷；按软件缺陷的级别来划分，可分为微小的、一般的、严重的、致使的四种软件缺陷。微小的软件缺陷对功能几乎没有影响，如错别字、排版不整齐等就属于此类缺陷；一般的软件缺陷是不太严重的错误，如次要功能缺失、提示信息不准确、用户交互友好性差等；严重的软件缺陷包括主要功能部分丧失、次要功能全部丧失或致命的错误声明；致命的软件缺陷是造成系统崩溃、死机或数据丢失的缺陷。

1.2 软件测试概述

随着软件应用领域越来越广泛，其质量的优劣也日益受到人们的重视。质量保证能力的强弱直接影响着软件业的生存与发展。软件测试是一个成熟软件企业的重要组成部分，它是软件生命周期中一项非常重要且复杂的工作，它贯穿整个软件开发生命周期，是对软件产品（包括阶段性产品）进行验证和确认的活动过程。通过尽快尽早地发现在软件产品中所存在的各种问题——与用户需求、预先定义的不一致性，检查软件产品的错误，写成测试报告，交给开发人员修改，对保证软件可靠性具有极其重要的意义。

除此之外，由于软件缺陷所带来的高额修复费用，使得人们不得不将项目开发的30%～50%的精力用于测试。据不完全统计，一些涉及生命科学领域的大型软件在测试上所用的时间往往是其他软件工程活动时间的 3～5 倍。软件测试好比工厂流水线中的质量检验部门，对软件产品的阶段性和整体性的质量进行检测和缺陷排查，并修正缺陷，从而达到保证产品质量的目的。由此可见，软件测试在产品的生命周期中的作用举足轻重。

1.2.1 软件测试概念

为了更好地理解软件测试的概念，下面分别介绍软件测试的定义、目的、原则和质量保证。

1. 软件测试的定义

对于软件测试的定义，目前混杂，没有统一的标准，人们在很长一段时间里有着不同的认识。

1979 年，G. J. Myers 在他的经典著作《软件测试之艺术》中给出了软件测试的定义：程序测试是为了发现错误而执行程序的过程。

1983 年，在 IEEE（国际电子电气工程师协会）提出的软件工程标准术语中给软件测试下的定义是：使用人工或自动手段来运行或测定某个系统的过程，其目的在于检验它是否满足规定的需求或弄清楚预期结果与实际结果之间的差别。

1983 年，软件测试的先驱 Dr. Bill Hetzel 对软件测试做了如下定义：评价一个程序和系统的特性或能力，并确定它是否达到预期的结果。

综上所述可以看出，人们对于软件测试的理解是不断深入的，且是从不同的角度加以诠释的。但总的可以理解为：软件测试是在规定的条件下对程序进行操作，以发现错误，对软件质量进行评估的一个过程。

2. 软件测试的目的

软件测试是程序的一种执行过程，目的是尽可能发现并改正被测试软件中的错误，提高软件的可靠性。在谈到软件测试的目的时，许多人都引用 G. J. Myers 在《软件测试之艺术》一书中的观点：

（1）软件测试是为了发现错误而执行程序的过程。

（2）测试是为了证明程序有错，而不是证明程序无错误。

（3）一个成功的测试是发现了至今未发现的错误的测试。

从上述观点可以看出，测试是以查找错误为中心的，而不是为了演示软件的正确功能。但是仅凭字面意思理解这一观点，可能会产生误导，认为发现错误是软件测试的唯一目的，查找不出错误的测试就是没有价值的，但事实并非如此。

首先，测试并不仅仅是为了找出错误。通过分析错误产生的原因和错误的分布特征，可以帮助项目管理者发现当前所采用的软件过程的缺陷，以便改进。同时，这种分析也能帮助我们设计出有针对性的检测方法，改善测试的有效性。

其次，没有发现错误的测试也是有价值的，完整的测试是评定测试质量的一种方法。详细而严谨的可靠性增长模型可以证明这一点。

总之，测试的目的是要证明程序中有错误存在，并且尽最大努力、尽早地找出最多的错误。测试不是为了显示程序是正确的，而是从软件含有缺陷和故障这个假定进行测试活动，并从中尽可能多地发现问题。当然，有些测试是为了给最终用户提供具有一定可信度的质量评价，此时的测试就应该直接针对在实际应用中经常用到的商业假设。

从用户的角度考虑，借助软件测试充分暴露软件中存在的缺陷，从而考虑是否接受该产品；从开发者的角度考虑，软件测试能表明软件已经正确地实现了用户的需求，达到软件正式发布的规格要求。

3. 软件测试的原则

软件测试的对象不仅仅包括对源程序的测试，开发阶段的文档（如用户需求规格说明书、概要设计说明书、详细设计说明书等）都是软件测试的重要对象。在整个的软件测试过程中，应该努力遵循以下原则。

（1）尽可能早地开展预防性测试。测试工作进行得越早，就越有利于软件产品的质量提升和成本的降低。由于软件的复杂性和抽象性，在软件生命周期的各阶段都有可能产生错误，所以，软件测试不应是独立于开发阶段之外的，而应该是贯穿到软件开发的各个阶段之中。确切地说，在需求分析和设计阶段中，就应该开始进行测试工作了。只有这样才能充分保证尽可能多且尽可能早地发现缺陷并及时修正，以避免缺陷或者错误遗留到下一个阶段，从而提高软件质量。

（2）可追溯性。所有的测试都应该追溯到用户需求。软件测试提示软件的缺陷，一旦修复这些缺陷就能更好地满足用户需求。如果软件实现的功能不是用户所期望的，将导致软件测试和软件开发做了无用功，而这种情况在具体的工程实现中确实时有发生。

（3）投入/产出原则。根据软件测试的经济成本观点，在有限的时间和资源下进行完全的测试即找出软件所有的错误和缺陷是不可能的，也是软件开发成本所不允许的，因此，软件测试不能无限制地进行下去，应适时终止，即不充分的测试是不负责任的。过分的测试却是一种资源的过度浪费，同样是一种不负责任的表现。所以，在满足软件的质量标准的同时，应确定质量的投入产出比是多少。

（4）80/20 原则。测试实践表明：系统中 80%左右的缺陷主要来自 20%左右的模块和子系统中，所以，应当用较多的时间和精力测试那些具有更多缺陷数目的程序模块和子系统。

（5）注重回归测试。由于修改了原来的缺陷，将可能导致更多的缺陷产生，因此，修改缺陷后，应集中对软件的可能受影响的模块和子系统进行回归测试，以确保修改缺陷后不引入新的软件缺陷。

（6）引入独立的软件测试机构或委托第三方测试。由于开发人员思维定式和心理因素等原因，开发工程师难以发现自己的错误，同时揭露自己程序中的错误也是件非常困难的事情。因此，软件测试除了需要软件开发工程师的积极参与外，还需要由独立的测试部门或第三方机构进行。

4．软件测试与质量保证

在讨论软件测试时，经常会提到质量保证。下面说明两者的关系。

质量保证，即软件质量保证（Software Quality Assurance，SQA），是建立一套有计划的系统方法，来向管理层保证拟定出的标准、步骤、实践和方法能够正确地被所有项目所采用。进一步地说，软件的质量保证活动是确保软件产品从诞生到消亡为止的所有阶段的质量的活动。

质量保证的主要工作范围如下。

（1）指导并监督项目按照过程实施。

（2）对项目进行度量、分析，增加项目的可视性。

（3）审核工作产品，评价工作产品和过程质量目标的符合度。

（4）进行缺陷分析、缺陷预防活动，发现过程的缺陷，提供决策参考，促进过程改进。

质量保证和软件测试都是贯穿于整个软件开发生命周期的。但是，SQA 侧重于对流程中各过程的管理与控制，是一项管理工作，侧重于流程和方法；而软件测试是对流程中各过程管理与控制策略的具体执行和实施，是一项技术性工作，其对象是软件产品（包括阶段性的产品），即 SQA 是从流程方面保证软件的质量，软件测试是从技术方面保证软件的质量。有了 SQA，软件测试工作就可以被客观地检查和评价，同时也可以协助测试流程的改进。而软件测试为 SQA 提供了数据和依据，可以帮助 SQA 更好地了解质量计划的执行情况。软件测试，常常被认为是质量控制的最主要手段。

1.2.2　软件测试的重要性

软件测试是软件工程的重要部分，是保证软件质量的重要手段。在这一节中，通过几个成功的软件测试带来的好处和不完整的软件测试带来的教训，说明软件测试的重要性。

（1）IE 和 Netscape。

在 IE 4.0 的开发期间，微软为了打败 Netscape 而汇集了一流的开发人员和测试人员。测试人员搭建起测试环境，让 IE 在数台计算机上持续运行一个星期，而且要保障 IE 在几秒钟以内可以访问数千个网站，在无数次的试验以后，测试人员证明了 IE 在多次运行以后依然可以保障它的运行速度。而且，为了快速完成 IE 4.0 的开发，测试人员每天都要对新版本进行测试，不仅要发现问题，而且要找到问题是哪一行代码造成的，让开发人员专心于代码的编写和修改，最终 IE 取得了很大的成功。

（2）360 存在严重后果缺陷导致系统崩溃。

计算机中了木马，使用 360 安全卫士查出一个名为 Backdoor/Win32.Agent.cgg 的木马，文件位置为 C:\Windows\system32\shdocvw.dll。进行清理后看不到 Windows 任务栏和桌面图标，根本进不去桌面，手工运行 Explorer.exe 也是一闪就关，后来查明是由于 360 在处理此木马时存在严重缺陷。360 安全卫士只是简单地删除了木马文件，没有进行相关的善后处理工作，致使系统关键进程 Explorer.exe 无法加载。

（3）2009 年 2 月，Google 的 Gmail 故障。

2009 年 2 月，Google 的 Gmail 发生故障，Gmail 用户几小时不能访问邮箱。据 Google 后称，那次故障是因数据中心之间的负载均衡软件的 bug 引发的。

再看看下面的例子就会发现，360 和 Gmail 的问题是“小巫见大巫”了。

（4）2011 年温州“7·23”动车事故。

2011 年 7 月 23 日 20 时 30 分 05 秒，甬温线浙江省温州市境内，由北京南站开往福州站的 D301 次列车与杭州站开往福州南站的 D3115 次列车发生动车组列车追尾事故，造成 40 人死亡、172 人受伤，中断行车 32 小时 35 分，直接经济损失达 19371.65 万元。

事后，调查分析，“7·23”动车事故是由于温州南站信号设备在设计上存在严重缺陷，遭雷击发生故障后，导致本应显示为红灯的区间信号机错误显示为绿灯。

（5）火星登录事故。

由于两个测试小组单独进行测试，没有进行很好沟通，缺少一个集成测试的阶段，导致 1999 年美国宇航局的火星基地登录飞船在试图登录火星表面时突然坠毁失踪。质量管理小组观测到故障，并认定出错误动作的原因极可能是某一个数据位被意外更改，什么情况下这个数据位被修改了？又为什么没有在内部测试时发现呢？

从理论上看，登录计划是这样的：在飞船降落到火星的过程中，降落伞将被打开，减缓飞船的下落速度。在降落伞打开后的几秒钟内，飞船的 3 条腿将迅速撑开，并在预定地点着陆。当飞船离地面 1800m 时，它将丢弃降落伞，点燃登录推进器，在余下的高度缓缓降落地面。

美国宇航局为了省钱，简化了确定何时关闭推进器的装置。为了替代其他太空船上使用的贵重雷达，在飞船的脚上装了一个廉价的触点开关，在计算机中设置一个数据位来关掉燃料。很简单，飞船的脚不“着地”，引擎就会点火。不幸的是，质量管理小组在事后的测试中发现，当飞船的脚迅速摆开准备着陆时，机械震动在大多数情况下也会触发着地开关，设置错误的数据位。设想飞船开始着陆时，计算机极有可能关闭推进器，而火星登录飞船下坠 1800m 之后冲向地面，必然会撞成碎片。

为什么会出现这样的结果？原因很简单，登录飞船经过了多个小组测试，其中一个小组测试飞船的脚落地过程，但从没有检查那个关键的数据位，因为那不是由这个小组负责的范围；另一个小组测试着陆过程的其他部分，但这个小组总是在开始测试之前重置计算机、清除数据位。双方本身的工作都没什么问题，就是没有合在一起测试，其接口没有被测，后一个小组没有注意到数据位已经被错误设定。

1.3 软件测试模型

软件测试模型是软件测试工作的框架，它描述了软件测试过程中所包含的主要活动以及这些活动之间的相互关系。通过测试模型，软件测试工程师及相关人员可以了解到测试何时开始、何时结束，测试过程中主要包含哪些活动以及需要哪些资源等。下面介绍常用的软件测试模型。

1.3.1 V 模型

在软件测试方面，V 模型是最广为人知的模型，它是软件开发中瀑布模型的变种。V 模型是在 RAD（Rap Application Development，快速应用开发）模型的基础上演变而来的，由于整个开发过程构成一个 V 字形而得名，是属于线性顺序一类的软件开发模型。

由于 RAD 通过使用基于构件的开发方法来缩短产品开发的周期，提高开发的速度，所以，软件测试 V 模型实现的前提是能做好需求分析，并且项目范围明确。RAD 开发模型包含如下几个阶段。

（1）业务建模。业务活动中的信息流被模型化，通过回答以下问题来实现：什么信息驱动业务流程？生成什么信息？谁生成该信息？该信息流往何处？谁处理它？

（2）数据建模。业务建模阶段定义的一部分信息流被细化，形成一系列支持该业务所需的数据对象，标识出每个对象的属性，并定义这些对象间的关系。

（3）处理建模。数据建模阶段定义的数据对象变换成要完成一个业务功能所需的信息流，创建处理描述以便增加、修改、删除或获取某个数据对象。

（4）应用生成。RAD 过程不是采用传统的第三代程序设计语言来创建软件，而是使用 4GL 技术或软件自动化生成辅助工具，复用已有的程序构件（如果可能的话）或创建可复用的构件（如果需要的话）。

（5）测试及反复。因为 RAD 过程强调复用，许多程序构件已经是测试过的，这缩短了测试时间，但对新构件必须测试，也必须测到所有接口。

软件测试 V 模型如图 1.1 所示。V 模型的左边，从上到下描述了基本的开发过程，V 模型的右边，从下到上描述了基本的测试行为。

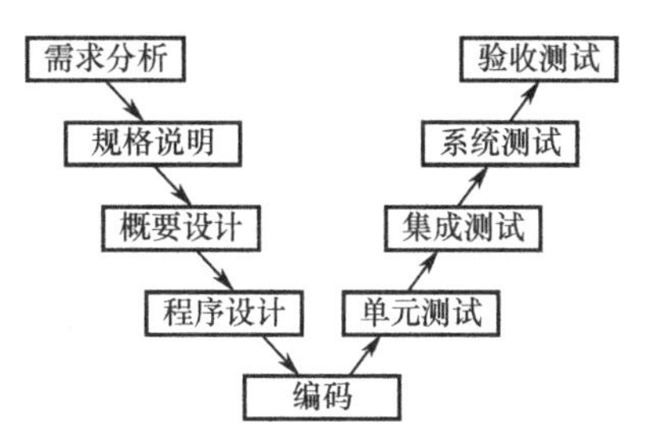

图 1.1　软件测试 V 模型示意图

除此以外，软件测试 V 模型还有一种改进型，将“编码”从 V 字形的顶点移动左侧，和单元测试对应，从而构成水平的对应关系，如图 1.2 所示。下面通过水平和垂直对应关系的比较，使用户能更清楚、全面地了解软件开发过程的特性。

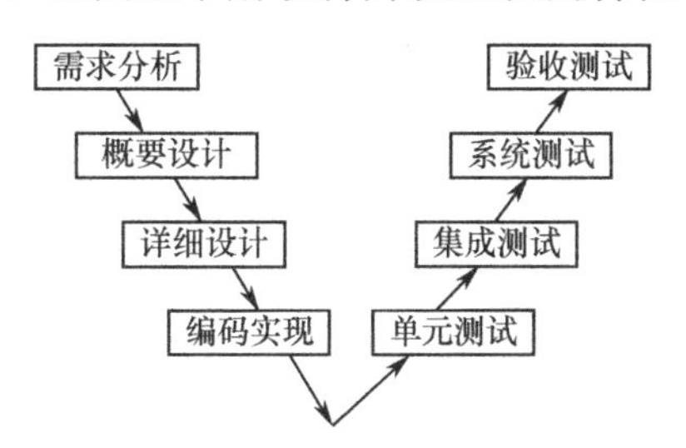

图 1.2　改进的软件测试 V 模型示意图

（1）从水平对应关系看，左边是设计和分析，右边是验证和测试。右边是左边结果的检验，即对设计和分析的结果进行测试，以确认是否满足用户的需求。具体来说：

- 需求分析对应验收测试，说明在做需求分析、产品功能设计的同时，测试人员就可以阅读、审查需求分析的结果，从而了解产品的设计特性、用户的真正需求；
- 当系统人员在做概要设计时，测试人员可以了解系统是如何实现的，基于什么样的平台，这样可以事先准备系统的测试环境，包括硬件和第三方软件的采购；
- 当程序设计师在做详细设计时，测试人就可以考虑准备测试用例；
- 程序员一面编程，一面进行单元测试，是一种很有效的办法，可以尽快地找出程序中的错误，充分的单元测试可以大幅度提高程序质量、减少成本。

（2）从垂直方向看，需求分析和验收测试是面向用户的，需要和用户进行充分的沟通和交流，或者和用户一起完成。其他工作都是技术工作，在开发组织内部进行，由工程师完成。

在软件测试V模型中，项目启动，软件测试的工作也就启动了。它具有如下优缺点。

（1）优点：

①强调软件开发的协作和速度，反映测试活动和分析设计关系，将软件实现和验证有机结合起来。

②明确界定了测试过程存在不同的级别。

③明确了不同的测试阶段和研发过程中的各个阶段的对应关系。

（2）缺点：

①仅仅把测试过程作为在需求分析、系统设计及编码之后的一个阶段，忽视了测试对需求分析。

②系统设计的验证，一直到后期的验收测试才被发现。

③没有明确地说明早期的测试，不能体现“尽早地、不断地进行软件测试”的原则。

1.3.2 W 模型

针对V模型没有明确地说明早期的测试，无法体现“尽早地、不断地进行软件测试”的原则的局限性。在V模型中增加软件各开发阶段应同步进行的测试，演化为W模型，如图1.3所示。从图1.3可看出，开发是“V”，测试是与此并行的“V”。基于“尽早地、不断地进行软件测试”的原则，在软件的需求和设计阶段的测试活动应遵循IEEE 1012—1998《软件验证与确认（V&V）》的原则。

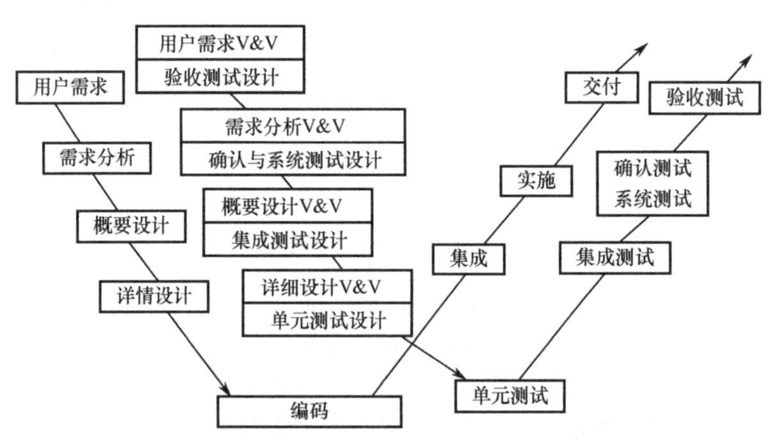

图1.3　软件测试W模型示意图

W模型由Evolutif公司提出，相对于V模型，W模型更科学。W模型是V模型的发展，强调的是测试伴随着整个软件开发周期，而且测试的对象不仅仅是程序，对需求、功能和设计也要测试。比如在进行需求分析、软件功能规格说明书评审、软件功能规格说明书基线化后，系统测试计划、方案、用例也设计完毕，接着是概要设计与集成测试设计，详细设计与单元测试设计，直到编码完成后，进行代码审查，继续执行单元测试、集成测试、系统测试。所以，W模型，也就是双V模型，并不是在V模型上又搞出一个来，而是开发阶段与测试设计阶段同步进行。

W 模型也有局限性。W 模型和 V 模型都把软件的开发视为需求、设计、编码等一系列串行的活动，无法支持迭代、自发性以及变更调整。所以，下面再简单介绍 X 模型和 H 模型。

X 模型也是对 V 模型的改进，X 模型提出针对单独的程序片段进行相互分离的编码和测试，此后通过频繁的交接，通过集成最终合成为可执行的程序，如图 1.4 所示。

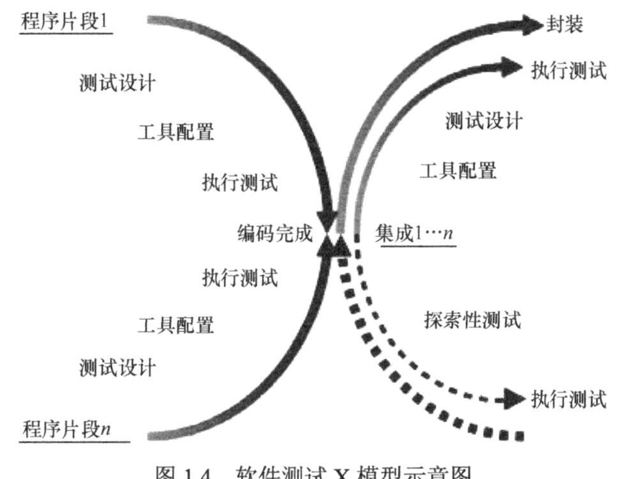

图 1.4　软件测试 X 模型示意图

图 1.4 左边描述的是针对单独程序片段所进行的相互分离的编码和测试，此后将进行频繁的交接，通过集成最终成为可执行的程序，然后再对这些可执行程序进行测试。对已通过集成测试的成品可以进行封装并提交给用户，也可以作为更大规模和范围内集成的一部分。多根并行的曲线表示变更可以在各个部分发生。由图中可见，X 模型还定位了探索性测试，这是不进行事先计划的特殊类型的测试，这一方式往往能帮助有经验的测试人员在测试计划之外发现更多的软件错误。但这样可能会对测试造成人力、物力和财力的浪费，对测试员的熟练程度要求比较高。

在 H 模型中，软件测试过程活动完全独立，贯穿于整个产品的周期，与其他流程并发地进行，某个测试点准备就绪时，就可以从测试准备阶段进行到测试执行阶段。软件测试可以尽早地进行，并且可以根据被测物的不同而分层次进行，如图 1.5 所示。

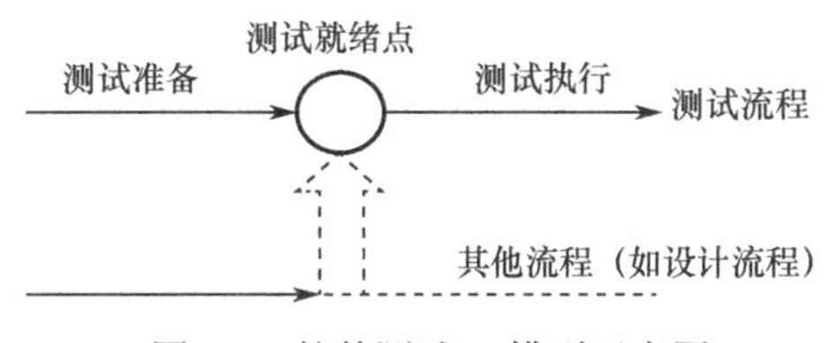

图 1.5　软件测试 H 模型示意图

图 1.5 演示了在整个生产周期中，某个层次上的一次测试“微循环”。图中标注的其他流程可以是任意的开发流程，例如设计流程或者编码流程。也就是说，只要测试条件成熟了，测试准备活动完成了，测试执行活动就可以进行了。

H 模型揭示了一个原理：软件测试是一个独立的流程，贯穿于产品整个生命周期，与其他流程并发地进行。H 模型指出软件测试要尽早准备，尽早执行。不同的测试活动可以是按照某个次序先后进行的，但也可能是反复的，只要某个测试达到准备就绪点，测试执行活动就可以开展。

1.4 软件测试用例

软件测试用例，简称测试用例，是为了实现测试有效性的一种常用工具，不进行良好的测试用例设计，测试过程将变得混乱而没有目标。一个成功的测试，将在很大程度上依赖于所设计和使用的测试用例。一个好的测试用例可以发现尽可能多的软件缺陷，而一个成功的测试用例会发现从未发现的软件缺陷。

在对不同的软件进行测试时，需要开发不同的测试用例。很显然，开发良好的测试用例，需要对被测试软件有充分的了解，同时也需要有丰富的测试知识。在为不同的软件开发测试用例时，需要掌握一些共性知识。下面介绍在开发测试用例时需要掌握的一些共性知识。

1.4.1 测试用例的基本概念

软件测试是一个分析或操作软件的过程，其设计目标是在一个软件系统中，通过一组操作，得到一个或多个预期的结果。如果得到了所有预期的结果，那么测试就通过了；如果实际结果与预期的不同，那么测试就失败了。软件测试由三个部分组成：一组操作、一组预期的结果和一组实际的结果。为了使测试有效，对操作和预期结果都需要进行清楚而无歧义的定义，即测试用例设计。

测试用例是为了某个特殊目标而编制的一组测试输入、执行条件以及预期结果，以便测试某个程序路径是否正确或核实某个功能是否满足特定需求。换句话说，一个测试用例就是一个文档，描述输入、动作或者时间和一个期望的结果，其目的是确定应用程序的某个特性是否正常工作。测试用例是测试方案、方法、技术和策略的综合体现，其内容包括测试目标、测试环境、输入数据、测试步骤、预期结果、测试脚本等。

在实际工程中，测试用例通常包括如下一些内容。

（1）用例 ID（test case ID）。

（2）用例名称（test case name）。

（3）测试目标（test target）。

（4）测试级别（test level（test phase，ST，SIT，UAT...））。

（5）测试对象（test object）。

（6）测试环境（test environment）。

（7）前提条件（prerequisites/dependencies/assumptions）。

（8）测试步骤（test steps/test script）。

（9）预期结果（expected result）。

（10）设计人员（designer）。

（11）执行人员（tester）。

（12）实际的结果/测试的结果（actual result/test result）。

（13）相关的需求和功能描述、需求描述（requirement description）。

（14）测试数据（test data）。

（15）测试结果的状态（test case status（passed，failed，hold，attention））。

其中，测试目标、测试对象、测试环境、前提条件、测试数据、测试步骤和预期结果是必需的。

不同类别的软件，其测试用例是不同的。测试用例是针对软件产品的功能、业务规则和业务处理所设计的测试方案。对软件的每个特定功能或运行操作路径的测试构成了一个测试用例。

1.4.2　测试用例的作用

测试用例是最小的测试单元，构成了设计和制定测试过程的基础。测试用例的作用如下。

（1）指导测试的实施。测试用例主要适用于集成测试、系统测试和回归测试。在实施测试时，测试用例作为测试的标准，测试人员一定要严格按照测试用例对项目实施测试，并将测试情况记录在测试用例管理软件中，以便自动生成测试结果文档。根据测试用例的测试等级，集成测试应测试哪些用例，系统测试和回归测试又该测试哪些用例，在设计测试用例时都已做明确规定，实施测试时测试人员不能随意做变动。

（2）规划测试数据的准备。在我们的实践中，测试数据与测试用例是分离的，按照测试用例，可以配套准备一组或若干组测试原始数据，以及标准测试结果。尤其是对于测试报表之类数据集的正确性，按照测试用例规划准备测试数据是十分必需的。除正常数据之外，还必须根据测试用例设计大量边缘数据和错误数据。

（3）编写测试脚本的“设计规格说明书”。为提高测试效率，软件测试已大力发展自动测试。自动测试的中心任务是编写测试脚本，如果说软件工程中软件编程必须有设计规格说明书，那么测试脚本的设计规格说明书就是测试用例。

（4）评估测试结果的度量基准。完成测试实施后，需要对测试结果进行评估，并且编制测试报告，判断软件测试是否完成和衡量测试质量需要一些量化的结果。例如：测试覆盖率是多少、测试合格率是多少、重要测试合格率是多少，等等。以前统计基准是软件模块或功能点，显得过于粗糙，采用测试用例做度量基准更加准确、有效。

（5）分析缺陷的标准。通过收集缺陷，对比测试用例和缺陷数据库，分析确定是漏测还是缺陷复现。漏测反映了测试用例的不完善，应立即补充相应测试用例，最终达到逐步完善软件质量。如果已有相应测试用例，则反映实施测试或变更处理存在问题。

测试工作量与测试用例的数据成比例。测试设计和开发的类型以及所需的资源主要受控于测试用例。测试用例通常根据它们所关联关系的测试类型或测试需求来分类，而且将随类型和需要进行相应的改变。最佳方案是为每个测试需求至少编制两个测试用例：一个测试用例用于证明该需求已经满足，通常称为正面测试用例；另一个测试用例反映某个无法接受、反常或意外的条件或数据，用于评论只有在所需条件下才能够满足该需求，通常称为负面测试用例。

同时，测试的“深度”也与测试用例的数量成比例。由于每个测试用例反映不同的场景、条件或经由产品的事件流，因此随着测试用例数量的增加，对软件产品质量和测试流程也就越有信心。

1.4.3 测试用例的设计原则

设计测试用例的时候，需要有清晰的测试思路，对要测试什么，按照什么顺序测试，覆盖哪些需求做到心中有数。测试用例编写者不仅要掌握软件测试的技术和流程，而且要对被测试软件的设计、功能规格说明、用户试用场景以及程序/模块的结构都有比较透彻的理解。测试用例设计一般包括以下几个步骤。

（1）测试需求分析。从软件需求文档中，找出待测软件/模块的需求，通过自己的分析、理解，整理成为测试需求，清楚被测试对象具有哪些功能。测试需求的特点是：包含软件需求，具有可测试性。

测试需求应该在软件需求基础上进行归纳、分类或细分，方便测试用例设计。测试用例中的测试集与测试需求的关系是多对一的关系，即一个或多个测试用例集对应一个测试需求。

（2）业务流程分析。软件测试，不单纯是基于功能的黑盒测试，而且还需要对软件的内部处理逻辑进行测试。为了不遗漏测试点，需要清楚地了解软件产品的业务流程。建议在做复杂的测试用例设计前，先画出软件的业务流程。如果设计文档中已经有业务流程设计，可以从测试角度对现有流程进行补充。如果无法从设计中得到业务流程，测试工程师应通过阅读设计文档，与开发人员交流，最终画出业务流程图。业务流程图可以帮助理解软件的处理逻辑和数据流向，从而指导测试用例的设计。

（3）测试用例设计。完成了测试需求分析和软件流程分析后，开始着手设计测试用例。测试用例设计的类型包括功能测试、边界测试、异常测试、性能测试、压力测试等。在用例设计中，除了功能测试用例外，应尽量考虑边界、异常、性能的情况，以便发现更多的隐藏问题。

（4）测试用例评审。测试用例设计完成后，为了确认测试过程和方法是否正确，是否有遗漏的测试点，需要进行测试用例的评审。测试用例评审一般由测试经理安排，参加的人员包括测试用例设计者、测试经理、项目经理、开发工程师、其他相关开发测试工程师。测试用例评审完毕，测试工程师根据评审结果，对测试用例进行修改，并记录修改日志。

（5）测试用例更新完善。测试用例编写完成之后需要不断完善，软件产品新增功能或更新需求后，测试用例必须配套修改更新。在测试过程中发现测试用例设计考虑不周时，需要对测试用例进行修改完善；在软件交付使用后，客户反馈了软件缺陷，而缺陷又是因测试用例存在漏洞造成的，也需要对测试用例进行完善。一般小的修改完善可在原测试用例文档上修改，但文档要有更新记录。在软件的版本升级更新时，测试用例一般也应随之编制升级更新版本。

一般来说，测试用例设计中应尽可能遵守下列原则。

（1）测试用例的代表性：能够代表并覆盖各种合理的和不合理的、合法的和非法的、边界的和越界的，以及极限的输入数据、操作和环境设置等。

（2）测试结果的可判定性：测试执行结果的正确性是可判定的，每一个测试用例都应有相应的期望结果。

（3）测试结果的可再现性：对同样的测试用例，系统的执行结果应当是相同的。

满足了上述原则设计出来的测试用例在理论上就是好的测试用例。但在实际工程中还远远不是，因为在理论上不需要考虑的东西，在实际工程中却是不得不考虑的——成本。由于成本因素的介入，我们在设计测试用例时，还需要考虑以下四条原则。

（1）单个用例覆盖最小化原则。

这条原则是所有这四条原则中的“老大”，也是在工程中最容易被忘记和忽略的，它或多或少地都影响到其他几条原则。下面举个例子，假如要测试一个功能 A，它有三个子功能点（A1、A2 和 A3），可以采用下面两种方法来设计测试用例。

方法 1：用一个测试用例覆盖三个子功能，即 Test_A1_A2_A3。

方法 2：用三个单独的用例分别来覆盖三个子功能采用，即 Test_A1，Test_A2，Test_A3。

方法 1 适用于规模较小的工程，但凡是稍微有点规模和质量要求的项目，方法 2 则是更好的选择，因为它具有如下优点：

- 测试用例的覆盖边界定义更清晰。
- 测试结果对产品问题的指向性更强。
- 测试用例间的耦合度最低，彼此之间的干扰也就越低。

上述这些优点所能带来直接好处是，测试用例的调试、分析和维护成本最低。每个测试用例应该尽可能简单，只验证你所要验证的内容。David Astels 在他的著作《Test Driven Development：A Practical Guide》曾这样描述：“最好一个测试用例只有一个 Assert 语句。”此外，覆盖功能点简单明确的测试用例，便于组合生成新的测试，很多测试工具都提供了类似组合已有测试用例的功能，例如 Visual Studio 中就引入了 Ordered Test 的概念。

（2）测试用例替代产品文档功能原则。

通常，我们会在开发的初期用文档记录产品的需求、功能描述，以及当前所能确定的任何细节等信息，勾勒将要实现功能的轮廓，便于团队进行交流和细化，并在团队内达成对将要实现的产品功能共识。假设我们在此时达成共识后，描述出来的功能为 A，随着产品开发深入，经过不断地迭代之后，团队会对产品的功能有更新的认识，产品功能也会被更具体细化，最终实现的功能很可能是 A+。如此往复，在不断倾听和吸收用户的反馈，修改产品功能，多个迭代过后，原本被描述为 A 的功能很可能最终变为了 Z。这时候再去看最初的文档，却仍然记录的是 A。之所以会这样，是因为很少有人会去（以及能够去）不断更新那些文档，以准确反映出产品功能当前的准确状态。不是不想去做，而是实在很难！

但是测试需要实时地反映产品的功能，否则的话，测试用例就会执行失败。因此，对测试用例的理解应该再上升到另一个高度，它应该是能够扮演产品描述文档的功能。这就要求我们编写的测试用例足够详细，测试用例的组织要有条理、分主次，单靠文档编辑工具是远远无法完成的，需要更多专用的测试用例管理工具来辅助，例如 Visual Studio 2010 引入的 Microsoft Test Manager。

（3）单次投入成本和多次投入成本原则。

与其说这是一条评判测试用例的原则，不如说它是一个思考问题的角度。成本永远是任何项目进行决策时所要考虑的首要因素，软件项目中的开发需要考虑成本，测试工作同样如此。对成本的考虑应该客观和全面地体现在测试的设计、执行和维护的各个阶段。当你在测试中遇到一些左右为难的问题需要决策时，尝试着从成本角度去分析一下，也许会给你的决策带来一些新的启发和灵感。

测试的成本按其时间跨度和频率可以分为：单次投入成本和多次投入成本。例如：编写测试用例可以看成单次投入成本，因为编写测试用例一般是在测试的计划阶段进行的，虽然后期会有不断的调整，但绝大多数是在一开始的设计阶段就基本上成型了；自动化测试用例也是如此，它也属于是一次性投入；测试用例的执行则是多次投入成本，因为每出一个新版本时，都要执行所有的测试用例、分析测试结果、调试失败测试用例、确定测试用例的失败原因，以验证该版本整体质量是否达到了指定的标准。

当我们意识到了，测试用例的设计和自动化属于一次性投入，而测试用例的执行则是反复多次的投入时，就应该积极思考如何能够提高需要反复投入的测试执行的效率，在一次投入和需要多次活动需要平衡时，优先考虑多次投入活动的效率。例如：单个用例覆盖最小化原则中的例子，测试 A 功能的 3 个功能点（A1、A2 和 A3），从表面上看用 Test_A1_A2_A3 这一个用例在设计和自动化实现时最简单的，但它在反复执行阶段会带来很多的问题：首先，这样的用例的失败分析相对复杂，你需要确认到底是哪一个功能点造成了测试失败；其次，自动化用例的调试更为复杂，如果是 A3 功能点的问题，你仍需要不断地走过 A1 和 A2，然后才能到达 A3，这增加了调试时间和复杂度；再次，步骤多的手工测试用例增加了手工执行的不确定性，步骤多的自动化用例增加了其自动执行的失败可能性，特别是那些基于 UI 自动化技术的用例；最后，将不相关功能点耦合到一起，降低了尽早发现产品回归缺陷的可能性，这是测试工作的大忌。

（4）使测试结果分析和调试最简单化原则。

在编写自动化测试代码时，要重点考虑如何使得测试结果分析和测试调试更简单，包括用例日志、调试辅助信息输出等。往往在测试项目中，测试用例的编写人和最终的执行者是不同的团队的成员，甚至有个能测试的执行工作被采用外包的方式交给第三的团队去进行，这在当下也是非常流行的。因为测试用例的执行属于多次投入，测试人员要经常地去分析测试结果、调试测试用例，在这部分活动上的投入是相当可观的。

1.4.4 测试用例设计实例

登录功能是一个大家熟悉得不能再熟悉的功能了。但是，往往这类看似简单但却不简单的功能，在设计测试用例时却漏洞百出。下面通过 Google 邮箱的登录窗口实例进一步了解测试用例的设计。Google 邮箱登录界面截图如图 1.6 所示。

Google 帐户
登录到 Gmail
用户名:
密码:
在此计算机上保存我的信息。
登录
无法访问我的帐户

图 1.6　Google 邮箱登录界面截图

测试项：Google 邮箱的登录功能。

测试对象：“登录”按钮（测试用例标识 1001）。

据此设计出简单的测试用例表，如表 1.1 所示。

表 1.1　简单的测试用例表

用例编号	功能点	操作过程	预期结果	备注
1001	登录	能够正确处理用户登录	正确处理登录操作	无

由于登录包括成功和失败两种情况，所以表 1.1 细化得到如表 1.2 所示的一般的测试用例表。

表 1.2　一般的测试用例表

用例编号	功能点	操作过程	预期结果	备注
1001	登录	输入正确的用户名和密码可以进入系统	登录成功	无
		输入用户名或密码错误无法进入系统	登录失败	无

根据需求文档，得到详细的测试用例表，如表 1.3 所示。

表 1.3　详细的测试用例表

用例编号	功能点	操作过程	预期结果	备注
1001		输入正确的用户名和口令（均为 6 位），单击“登录”按钮	进入系统	无
		输入正确的用户名和口令（均为 10 位），单击“登录”按钮	进入系统	无
1001		输入正确的用户名和口令（均为 6～8 位），单击“登录”按钮	进入系统	无
		用户名为空，单击“登录”按钮	提示输入用户名	无
		用户名为空格，单击“登录”按钮	提示无效用户名	无
		用户名小于 6 位，单击“登录”按钮	提示用户名太短	无

通过以上三个测试用例，我们可以很直观的了解到测试用例具体实现价值。但是，还是不能体现其“详细”的概念化。虽然我们在设计用例时把过程体现了，但并没有把测试数据加入当中。那为什么又要写入相应的测试数据呢？第一，没有将测试数据和测试逻辑分开的测试用例可能显得非常庞大，不利于测试员理解，导致难以控制和执行；第二，通过将用例参数化，可以简化用例，使测试用例逻辑清晰，数据与逻辑的关系明了，易于理

解；第三，有利于提高测试用例的复用性。表 1.4 为包含测试数据的测试用例表。

表 1.4 测试数据的测试用例表

用例编号	功能点	操作过程	测试数据		预期结果	备注
			用户名	密码		
1001	登录	输入正确的用户名和口令（均为 6 位），单击“登录”按钮	user10	pass10	进入系统	正确的用户名和密码（6 位）
		输入正确的用户名和口令(均为 10 位)，单击“登录”按钮	user000010	pass000010	进入系统	正确的用户名和密码（10 位）
		输入正确的用户名和口令（均为 6～8 位），单击“登录”按钮	user123	pass123	进入系统	正确的用户名和密码（6～8 位）
		用户名为空，单击“登录”按钮		pass	提示输入用户名	用户名不能为空
		用户名为空格，单击“登录”按钮	空格	pass	提示无效用户名	用户名不能为空格
		用户名小于 6 位，单击“登录”按钮	user	userpass	提示用户名太短	用户名不能小于 6 位
		用户名大于 10 位，单击“登录”按钮	user0000011	userpass	提示用户名太长	用户名不能大于 10 位
		……	……	……	……	……

习题与思考

一、填空题

1．软件是包括__________、__________、__________的完整集合。

2．软件测试是为发现程序中的__________而执行程序的__________。

3．测试用例是由______________和预期的______________两个部分组成。

4．软件测试的目的是尽可能多地发现软件中存在的______________，将_________作为纠错的依据。

5．测试阶段的基本任务是根据软件开发各阶段的__________________和程序的______________，精心设计一组______________，利用这些实例执行程序，找出软件中潜在的各种______________和__________。

二、选择题

1．软件测试的目的是___________。

A．避免软件开发中出现错误

B．发现软件开发中出现错误

C．修改软件开发中出现错误

D．尽可能发现并排除软件中潜藏的错误，提高软件可靠性

2．软件测试是采用__________执行软件的活动。

A．测试用例　　B．输入数据　　C．测试环境　　D．输入条件

3．对于软件的性能测试，__________测试都是属于黑盒测试。

A．语句　　B．功能　　C．单元　　D.路径

4．在软件测试阶段，测试步骤按次序可以划分为以下几步：__________。

A．单元测试、集成测试、系统测试、验收测试

B．集成测试、单元测试、系统测试、验收测试

C．验收测试、单元测试、集成测试、系统测试

D．系统测试、单元测试、集成测试、验收测试

5．下面说法中正确的是__________。

A．经过测试没有发现错误说明程序正确

B．测试目标是为了证明程序没有错误

C．成功的测试是发现了迄今尚未发现的错误的测试

D．成功的测试是没有发现错误的测试

6．软件测试过程中的集成测试主要是为了发现__________阶段的错误。

A．需求分析　　B．概要设计　　C．详细设计　　D．编码

7．与确认测试阶段有关的文档是__________。

A．需求规格说明书　B．概要设计说明书　C．详细设计说明书　D．源程序

8．调试应该由__________完成。

A．与源程序无关的程序员　　B．编制该源程序的程序员

C．不了解软件设计的机构　　D．设计该软件的机构

三、简答题

1．软件测试是什么？软件测试的目的和意义是什么？

2．常用到的软件测试模型有哪些？

3．软件测试和软件质量保证是什么关系？

4．作为测试工程师，面对一个基于 Web 的图书借阅管理系统，该系统能实现图书借还以及网上预约、续借和查询，请举例说明哪些是功能测试、性能测试、负载测试和兼容性测试。

5．软件测试人员需要具备哪些素质？

第2章 软件测试计划与策略

测试计划是在软件测试中最重要的步骤之一，它在软件开发的前期对软件测试做出清晰、完整的计划，领测国际认为它不仅对整个测试起到关键性的作用，而且对开发人员的开发工作、整个项目的规划、项目经理的审查都有辅助性作用。

2.1 软件测试计划

软件测试计划是整个开发计划的重要组成部分，同时又依赖于软件组织的产品开发过程、项目的总体计划、质量保证体系。在测试计划活动中，首先要确认测试目标、范围和需求，然后制定测试策略，并对测试任务、时间、资源、成本和风险等进行估算或评估。

软件测试计划是指导测试过程的纲领性文件，包含产品概述、测试策略、测试方法、测试区域、测试配置、测试周期、测试资源、测试交流和风险分析等内容。借助软件测试计划，参与测试的项目成员，尤其是测试管理人员，可以明确测试任务和测试方法，保持测试实施过程的顺利沟通、跟踪和控制测试进度，应对测试过程中的各种变更。

2.1.1 制订测试计划的原则

通常在测试需求分析前制订总体测试计划，在测试需求分析后制订详细测试计划。测试计划的编写是一项系统工作，编写者必须了解项目，对测试工作所接触到的方方面面都要有系统的把握，因此一般情况下由具有丰富经验的项目测试负责人进行编写。在制订测试计划时，应尽量遵循以下原则。

（1）应把“尽早和不断地进行软件测试”作为软件开发者的座右铭，实践证明单元测试能够尽早发现问题，减少后期测试的错误量。

（2）测试用例应由测试输入数据、测试执行步骤、与之对应的预期输出结果三个部分组成。

（3）应当避免由程序员检查自己的程序（指后期系统测试阶段，不包括单元测试）。

（4）测试用例的设计要确保能覆盖所有可能的路径。在设计测试用例时，应当包括合理的输入条件和不合理的输入条件。不合理的输入条件是指异常的、临界的、可能引起问题的输入条件。

（5）充分注意测试中的群集现象。经验表明，测试后程序残存的错误数目与该程序中已发现的错误数目或检错率成正比，应该对错误群集的程序段进行重点测试。

（6）严格执行测试计划，排除测试的随意性。测试计划应包括所测软件的功能、输入和输出、测试内容、各项测试的进度安排、资源要求、测试资料、测试工具、测试用例的选择、测试的控制方法和过程、系统的配置方式、跟踪规则、调试规则、回归测试的规定、评价标准等。

（7）应当对每一个测试结果做全面的检查。

（8）妥善保存测试计划、测试用例、出错统计和最终分析报告，为维护提供方便。

软件测试的对象：软件测试并不单纯等同于程序测试。软件测试应该贯穿整个软件定义与开发期间。因此，需求分析、概要设计、详细设计以及程序编码等各阶段所得到的文档，包括需求规格说明、概要设计规格说明、详细设计规格说明以及源程序，都应该是软件测试（评审）的对象。在对需求理解与表达的正确性、设计与表达的正确性、实现的正确性以及运行的正确性的验证中，任何一个环节发生了问题都可能在软件测试中表现出来。

2.1.2 制订测试计划的内容

软件测试必须以一个好的测试计划作为基础。尽管测试的每一个步骤都是独立的，但必定有一个起到框架结构作用的测试计划。测试的计划应该作为测试的起始步骤和重要环节。一个测试计划应包括：产品基本情况调研、测试需求说明、测试策略和记录、测试资源配置、计划表、问题跟踪报告、测试计划的评审、结果等。

1. 产品基本情况调研

这部分应包括产品的一些基本情况介绍，如产品的运行平台和应用的领域、产品的特点和主要的功能模块、产品的特点等。对于大的测试项目，还要包括测试的目的和侧重点。

具体的要点如下。

（1）目的：重点描述如何使测试建立在客观的基础上，定义测试的策略、测试的配置，粗略地估计测试大致需要的周期和最终测试报告递交的时间。

（2）变更：说明可能会导致测试计划变更的事件。包括测试工具改进了、测试的环境改变了，或者是添加了新的功能。

（3）技术结构：可以借助画图，将要测试的软件划分成几个组成部分，规划成一个适用于测试的完整的系统，包括数据是如何存储的、如何传递的（数据流图），每一个部分的测试要达到什么样的目的。每一个部分是怎么实现数据更新的。另外，还有常规性的技术要求，比如运行平台、需要什么样的数据库等。

（4）产品规格：就是制造商和产品版本号的说明。

（5）测试范围：简单地描述如何搭建测试平台以及测试的潜在风险。

（6）项目信息：说明要测试的项目的相关资料，如用户文档、产品描述、主要功能的举例说明。

2. 测试需求说明

这一部分要列出所有要测试的功能项。凡是没有出现在这个清单里的功能项都排除在测试的范围之外。万一有一天你在一个没有测试的部分里发现了一个问题，你应该很高兴你有这个记录在案的文档，可以证明你测了什么、没测什么。具体要点如下。

（1）功能的测试：理论上是测试是要覆盖所有的功能项，例如在数据库中添加、编辑、删除记录等，这会是一个浩大的工程，但是有利于测试的完整性。

（2）设计的测试：对于一些用户界面、菜单的结构、窗体的设计是否合理等的测试。

（3）整体考虑：这部分测试需求要考虑到数据流从软件中的一个模块流到另一个模块的过程中的正确性。

3. 测试策略和记录

这是整个测试计划的重点所在，要描述如何公正客观地开展测试，要考虑模块、功能、整体、系统、版本、压力、性能、配置和安装等各个因素的影响。要尽可能地考虑到细节，越详细越好，并制作测试记录文档的模板，为即将开始的测试做准备。测试记录主要包括的部分的具体说明如下。

（1）公正性声明：要对测试的公正性、遵照的标准做一个说明，证明测试是客观的，整体上，软件功能要满足需求，实现正确，和用户文档的描述保持一致。

（2）测试案例：描述测试案例是什么样的，采用了什么工具，工具的来源是什么，如何执行的，用了什么样的数据。测试的记录中要为将来的回归测试留有余地，当然，也要考虑同时安装的其他软件对正在测试的软件会造成的影响。

（3）特殊考虑：有时候，针对一些外界环境的影响，要对软件进行一些特殊方面的测试。

（4）经验判断：对以往测试中经常出现的问题加以考虑。

（5）设想：采取一些发散性的思维，往往能帮助你找到测试的新途径。

4. 测试资源配置

项目资源计划：制订一个项目资源计划，包含每一个阶段的任务、所需要的资源，当发生类似到了使用期限或者资源共享的事情时，要更新这个计划。

5. 计划表

测试的计划表可以做成一个多个项目通用的形式，根据大致的时间估计来制作，操作流程要以软件测试的常规周期作为参考，也可以是根据什么时候应该测试哪一个模块来制订。

6. 问题跟踪报告

在测试的计划阶段，应该明确如何准备去做一个问题报告以及如何去界定一个问题的性质。问题报告要包括问题的发现者和修改者、问题发生的频率、用了什么样的测试案例测出该问题的，以及明确问题产生时的测试环境。

问题描述应尽可能定量、分门别类地列举。问题有以下几种。

（1）严重问题：严重问题意味着功能不可用，或者是权限限制方面的失误等，也可能是某个地方的改变造成了其他地方的问题。

（2）一般问题：功能没有按设计要求实现或者是一些界面交互的实现不正确。

（3）建议问题：功能运行得不像要求的那么快，或者不符合某些约定俗成的习惯，但不影响系统的性能，界面显示错误，格式不对，含义模糊、混淆的提示信息等。

7．测试计划的评审

这种评审又叫测试规范的评审，在测试真正实施开展之前必须认真负责地检查一遍，获得整个测试部门人员的认同，包括部门的负责人的同意和签字。

2.2　软件测试方法与策略

为保证软件质量，消除软件运行中存在的问题和潜在隐患，在软件开发过程中必须对软件的功能、架构等进行测试，对软件的各项性能给出客观的、可信的评价。对软件进行测试是软件开发的必经过程。在实际测试时，测试方法与策略将影响能否覆盖软件的全功能和全过程，确保与软件质量密切相关。

2.2.1　静态测试与动态测试

1．静态测试

静态测试不实际运行软件，主要是对软件的编程格式、结构等方面进行评估。

静态测试包括代码检查、静态结构分析、代码质量度量等。它可以由人工进行，也可以借助软件工具自动进行。

因为静态测试方法并不真正运行被测程序，而只进行特性分析，所以静态方法常常称为“分析”，静态测试是对被测程序进行特性分析的一类方法的总称。

1）代码检查

代码检查包括代码走查、桌面检查、代码审查等，主要检查代码和设计的一致性，代码对标准的遵循、可读性，代码的逻辑表达的正确性，代码结构的合理性等方面。

（1）代码检查的具体内容：变量检查、命名和类型审查、程序逻辑审查、程序语法检查和程序结构检查等。

（2）代码检查的优点：在实际使用中，代码检查比动态测试更有效率，能快速找到缺陷，发现 30%～70%的逻辑设计和编码缺陷；代码检查看到的是问题本身而非征兆。

（3）代码检查的缺点：非常耗费时间，而且代码检查需要知识和经验的积累。

2）代码质量度量

软件质量包括六个方面：功能性、可靠性、易用性、效率、可维护性和可移植性。软件的质量是软件属性的各种标准度量的组合。

针对软件的可维护性，目前业界主要存在三种度量参数：Line 复杂度、Halstead 复杂度和 McCabe 复杂度。

（1）Line 复杂度以代码的行数作为计算的基准。

（2）Halstead 以程序中使用到的运算符与运算元数量作为计数目标，然后可以据以计算出程序容量、工作量等。

（3）McCabe 复杂度一般称为圈复杂度，它将软件的流程图转化为有向图，然后以图论来衡量软件的质量。

静态测试可以完成以下工作。

（1）发现下列程序的错误：错用局部变量和全局变量、未定义的变量、不匹配的参数、不适当的循环嵌套或分支嵌套、死循环、不允许的递归、调用不存在的子程序，遗漏标号或代码。

（2）找出以下问题的根源：从未使用过的变量、不会执行到的代码、从未使用过的标号、潜在的死循环。

（3）提供程序缺陷的间接信息：所用变量和常量的交叉应用表、是否违背编码规则、标识符的使用方法和过程的调用层次。

（4）为进一步查找做好准备。

（5）选择测试用例。

（6）进行符号测试。

2．动态测试

动态方法的主要特征是：计算机必须真正运行被测试的程序，通过输入测试用例，对其运行情况即输入与输出的对应关系进行分析，以达到检测的目的。

动态测试包括：

（1）功能确认与接口测试。

（2）覆盖率分析。

（3）性能分析。

（4）内存分析。

根据动态测试在软件开发过程中所处的阶段和作用，动态测试可以分为如下几个步骤。

（1）单元测试。单元测试是对软件中的基本组成单位进行测试，其目的是检查软件基本组成单位的正确性。

（2）集成测试。集成测试是在软件系统集成过程中所进行的测试，其主要目的是检查软件单位之间的接口是否正确。在实际工作中，把集成测试分为若干次的组装测试和确认测试。

（3）系统测试。系统测试是对已经集成好的软件系统进行彻底的测试，以验证软件系统的正确性和性能等满足其规约所指定的要求。系统测试应该按照测试计划进行，其输入、输出和其他动态运行行为应该与软件规约（即软件的设计说明书、软件需求说明书等文档）进行对比，同时测试软件的强壮性和易用性。

（4）验收测试。验收测试是软件在投入使用之前的最后测试，是购买者对软件的试用过程。在公司实际工作中，通常是采用请客户试用或发布 Beta 版软件来实现。

（5）回归测试。回归测试即软件维护阶段，其目的是对验收测试结果进行验证和修改。

2.2.2　白盒测试与黑盒测试

1. 白盒测试

白盒测试也称结构测试或逻辑驱动测试，关注的是产品内部工作过程，可通过测试来检测产品内部动作是否按照规格说明书的规定正常进行，按照程序内部的结构测试程序，检验程序中的每条通路是否都能按预定要求正确工作，而不关注它的功能，白盒测试的主要方法有逻辑驱动、基路测试等，主要用于软件验证。白盒测试技术 （White Box Testing）：深入到代码一级的测试，使用这种技术发现问题最早，效果也是最好的。该技术主要的特征是测试对象进入了代码内部，根据开发人员对代码和对程序的熟悉程度，对需要的部分在软件编码阶段进行测试，开发人员根据自己对代码的理解和接触所进行的软件测试称为白盒测试。

2. 黑盒测试

黑盒测试也称功能测试或数据驱动测试，它是在已知产品所应具有的功能情况下，通过测试来检测每个功能是否都能正常使用。在测试时，把程序看成一个不能打开的黑盒子，在完全不考虑程序内部结构和内部特性的情况下，测试者在程序接口进行测试，它只检查程序功能是否按照需求规格说明书的规定正常使用，程序是否能适当地接收输入数据而产生正确的输出信息，并且保持外部信息（如数据库或文件）的完整性。黑盒测试方法主要有等价类划分、边值分析、因-果图、错误推测等，主要用于软件确认测试。“黑盒”法着眼于程序外部结构、不考虑内部逻辑结构、针对软件界面和软件功能进行测试。“黑盒”法是穷举输入测试，只有把所有可能的输入都作为测试情况使用，才能以这种方法查出程序中所有的错误。

2.3　软件测试过程

1. 需求与规范管理（需求阶段）

（1）由需求人员确定规范和需求，将规范和需求转发给开发经理、项目经理、相关开发和测试人员。

（2）相关需求人员、项目经理对需求进行讨论，整理出重点，并将重点内容发给开发经理、项目经理、相关开发和测试人员。

（3）对需求进行讨论，确定需求度以及最终实现的需求和功能点。

（4）项目经理根据需求和开会讨论结果编写“需求说明”，测试负责人或需求负责人对文档进行检查并修复完善。

2. 项目计划与测试计划（产品设计阶段）

根据开发估算的工作量进行项目计划，由项目经理给出计划表。由项目经理组织项目计划讨论会，在讨论过程中，各开发负责人对自己负责的模块所需要的工作量进行评估，根据工作量和工程需求初步确定总体开发计划、测试计划和发布时间，项目经理根据工作量和需求制订项目计划。

（1）由开发经理组织讨论会，各模块负责人评估工作量，根据工作量和需求初步确定开发计划、测试计划和发布时间。

（2）项目经理根据估算工作量和需求编写项目计划。

（3）测试负责人据估算工作量和需求编写测试计划。

（4）项目计划与测试计划完成后发送给开发经理、项目经理、相关开发人员和测试人员，认真阅读后将意见以邮件形式反馈给项目经理与测试负责人，进行二次修改，修改后召开小型会议进行讨论，最后定稿。

（5）测试负责人确认所有相关文档已通过了评审。

3. 开发设计与评审（产品设计阶段）

（1）在项目设计阶段，测试负责人根据规范、功能列表和概要文档编写测试方案。

（2）测试方案完成后，用邮件发送给开发经理、项目经理、相关开发人员和测试人员。

（3）对测试方案进行评审，最后将意见反馈给测试负责人，修改，最终确定测试方案。

4. 测试设计与评审（开发阶段）

（1）进行详细的用例设计。

（2）包括功能测试、性能测试、压力测试等，以便发现更多的隐藏问题。

（3）测试用例完成后，各负责人对用例进行评审。

5. 编码实现与单元测试（开发阶段、测试阶段）

开发设计编码；同时，测试人员编写测试用例。

（1）产品设计完成后，开发工程师进行编码。

（2）编码完成后，测试工程师编写单元测试案例进行单元测试。

（3）项目经理根据实际情况对开发的编码组织代码审查，记录相关问题。

（4）单元测试完成后，开发小组成员之间进行产品联调测试，并修改发现的问题。

6. 测试实施（测试阶段）

（1）测试环境中根据测试用例执行测试，对测试过程中发现的问题填写测试记录。

（2）给开发人员提出 bug。

（3）对 bug 进行修改。

（4）开发修改后，测试人员进行回归测试，直至关闭 bug。

产品发布：当测试产品达到测试计划所制定的产品质量目标和测试质量目标时，进行最后一轮的确认测试，编写总体测试报告和性能测试报告，确认完成后进行产品发布。

2.4 案例分析

2.4.1 学习目标

制订测试计划的步骤为：

（1）决定系统测试类型。

（2）确定系统测试进度。

（3）组织系统测试小组。

（4）建立系统测试环境。

（5）安装测试工具。

2.4.2 案例要求

（1）明确工作的目标。

（2）工作的范围，计划针对哪些内容。

（3）工作任务的分派（时间、人力、物力、技术）。

（4）明确工作完成的标准。

（5）明确工作中存在的风险。

2.4.3 案例实施

《美萍服装销售系统》测试计划编写如下。

变更记录：

日期	版本	变更说明	作者
2016-03-17	V2.1	新建	

签字确认：

职务	姓名	签字	日期

1. 引言

1.1 编写目的

本测试计划主要用于控制整个美萍服装销售系统的项目测试，本文档主要实现以下目标：
通过此测试计划能够控制整个测试项目合理、全面、准确、协调地完成。
为软件测试提供依据：
项目管理人员根据此计划，可以对项目进行宏观调控。
测试人员根据此计划，能够明确自己的权利、职责，准确地知道自己在项目中的任务。
相关部门，可以根据此计划，对相关资源进行准备。

1.2 背景

本测试计划从属于美萍网络技术有限公司，为美萍服装销售公司实现销售管理软件系统的测试。
项目任务的提出者为：美萍公司项目管理部。
系统的开发者为：美萍公司。
系统的使用者为：服装销售公司。
此测试项目的进行将在需求确认后开始执行，基准是准确、全面的需求文档。测试重点是对开发实现的功能和性能进行测试。

1.3 定义

美萍服装销售管理系统是一款专业的服装管理软件。

1.4 参考资料

《美萍服装销售管理需求规格说明书》2.1 版本。

《美萍服装销售管理测试计划编写规范》。

1.5　控制信息

本项目测试经理：×××；电话号码：××××××××。

1.6　测试目标

该测试项目将通过设计和执行接受测试、界面测试、功能测试和性能测试，对软件实现的功能，以及软件的性能、兼容性、安全性、实用性、可靠性、扩展性各个方面进行全面系统的测试。基于本系统的业务复杂性和开发周期短的特性，系统测试的重点将放在功能测试和性能测试上。通过测试提高软件的质量，为用户提供最好的服务，并合理地避免软件的风险和减少软件的成本。

2．计划

2.1　测试过程

2.2　进度安排及里程碑

给出进行各项测试的日期和工作内容（如熟悉环境、培训、准备输入数据、实施测试等）。

里程碑任务	工作	开始日期	结束日期
制订测试计划	×××		
设计测试	×××		
实施测试	×××		
回归测试	×××		
对测试进行评估	×××		

任务分配：

人员	任务	时间	完成量

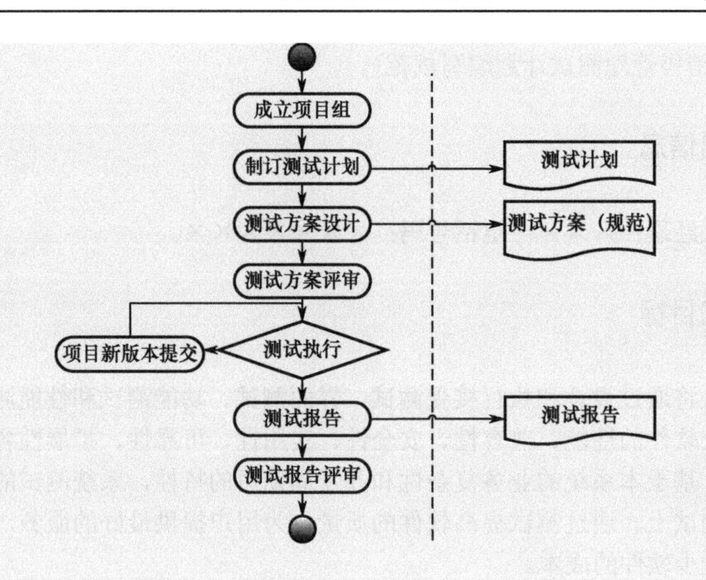

时间进度：

测试阶段	开始时间	完成时间	测试人员	阶段完成标志
制订测试计划				
需求 Review				
设计 Review				
设计测试用例				
测试开发				
测试环境准备				
测试实施				
功能测试				
集成测试				
性能测试				
系统测试				
验收测试				
文档编写				

2.3 角色

<table>
<tr><td rowspan="10">测试人员安排</td><td>负责人</td><td>彭郦郿</td><td>其他负责人</td><td>职责</td><td>联系信息</td></tr>
<tr><td colspan="2" rowspan="3">职责：负责制订测试计划；负责编写和验收用例；完成项目实测；负责与外部合作部门交互；负责协调内部人员的工作；负责编写测试报告</td><td></td><td></td><td></td></tr>
<tr><td></td><td></td><td></td></tr>
<tr><td></td><td></td><td></td></tr>
<tr><td colspan="5">测试组成员</td></tr>
<tr><td>姓名</td><td colspan="2">职责</td><td colspan="2">联系信息</td></tr>
<tr><td></td><td colspan="2"></td><td colspan="2"></td></tr>
<tr><td></td><td colspan="2"></td><td colspan="2"></td></tr>
<tr><td>梅超</td><td colspan="2">对销售系统的售后服务</td><td colspan="2">18380359446</td></tr>
<tr><td></td><td colspan="2"></td><td colspan="2"></td></tr>
</table>

2.4 系统

下面列出了测试项目所需的系统资源。

系统资源	
资源	名称/类型
数据库服务器	MySQL 5.0
网络或子网	
服务器名称	
数据库名称	Microsoft
客户端测试 PC	IE 8
包括特殊的配置需求	Tomcat 5.0
测试存储库	bugs
测试开发 PC	Windows 98、Windows 2000、Windows XP、Windows 2003、Windows 2007、Windows 2008、Windows ME、Windows 2013、Windows 10
硬件环境	计算机硬件在 586 等级以上

2.5 可交付工件

测试计划：一份。
测试用例：一份。
测试缺陷记录：一份。
测试报告：一份。

2.5.1 测试模型

美萍服装销售管理系统 2.1。

2.5.2 测试记录

采用测试用例的形式提交测试过程，详见《测试用例》文档。

2.5.3 缺陷报告

采用缺陷记录的形式，详见《测试缺陷记录》文档。

2.6 测试资料

测试文档：测试相关模块。
需求文档：项目需求文档。

2.7 项目风险分析

风险类型	风险综述
现有人力资源严重不足。在确保质量的前提下，人力资源与项目周期比例失调，因此人员不到位，将存在项目风险	增加人员

（续表）

风险类型	风险综述
测试中使用 IE6，因此在 IE7 等其他环境下运行存在风险	与客户确定为争取时间保证质量仅使用 IE6 进行测试
进度存在风险	实际进度将按照开发进度进行，预期进度按照开发进度进行，但是实际开发进度变更时，将按照实际开发进度及时更正测试进度
测试环境各服务器的配置低于实际产品使用时的服务器配置	与客户商议达成一致
人员变动风险	通过培训等措施使变更后的人员了解系统的业务流程，对系统深入了解，以求最大限度地保证测试质量
数据库测试中存在风险	因测试周期的限制，故将根据实际情况选择的测试策略存在的风险情况反映给客户，与客户商议达成一致
版本部署风险	在部署版本的时候，可能会由于数据库的导入错误等原因导致系统出错。因此在实际给客户部署时同样存在此种风险
数据迁移部分增加了一个测试策略以验证迁移数据的完整性，该策略是以自建的小数据来模拟大数据。因此对于实际超大数据量的数据迁移存在一定风险	但是，该方法能够验证数据迁移方法的正确性，且能够非常直观地查看结果

3. 测试设计说明（大纲）

3.1 概述

3.1.1 测试方法和测试用例选取的原则

系统：根据《系统需求说明书》对系统进行单元测试、集成测试、系统测试、验收测试、性能测试，并结合可能的用户测试。

全面：要求测试用例能够覆盖每一个测试点的要点。

合理：从可行性角度考虑，测试不可能全面覆盖，所以设置好等价类划分，测试的用例的选择应避免重复测试、选择最好的测试方法将测试点合理覆盖。

3.1.2 测试的控制方式

测试用例的实现必须遵守测试计划的安排，实际测试必须以测试用例为基准。实际测试中测试用例的状态记载如下。

failed：如果某一步测试用例失败，但不影响以后测试用例处理。

block：如果某一步测试用例失败，并影响以后测试用例处理。

good：测试成功。

实际测试与外部交互使用缺陷记录清单进行交流。

测试人员必须详细、准确地填写缺陷记录内容，开发修改人员要详细、准确地填写修改情况，通过缺陷记录清单的状态进行测试和修改交互。

open：当开始一个问题报告单时，为 open。

开发返回后，错误仍存在为 re-open。

fixed/return

开发人员对错误进行了修改，为 fixed。

开发人员对错误没有进行修改，返回测试部为 return。

close/cancel

测试人员确认错误已经修改，为 close。

测试人员确认错误的无效或可以接受（标记）为 cancel。

测试版本的控制：

由项目开发组随版本发布时提交版本提交单，测试组完成测试后提交版本测试报告，版本更新时由开发组填写更新记录。

测试用例的命名原则：

[测试点]-编号

例如：XDL-01。

缺陷记录清单命名原则：

缺陷记录清单+_测试人员名称+_日期

例如：缺陷记录清单_刘飞_20020101。

3.1.3　数据选择策略

数据选择应全面覆盖所有数据并要求避免冗余数据的使用（采用边界值、特殊值、普通值）。

3.1.4　测试过程描述和操作步骤

测试过程描述：

书写测试计划。

参考测试计划、需求、概要设计以及部分详细设计文档进行用例设计。

参考测试计划和测试用例进行实际测试操作。

测试总结和报告。

操作步骤：

测试基本流程（简易的 IVT）。

测试功能块（重点为容错测试）。

统计信息的测试（IVT）。

3.2　软件说明

美萍服装管理系统主要涵盖管理员一个角色登录，实现功能主要有销售管理、用户管理、库存管理、基本设置、购物功能、进货管理、报表统计，详见《需求规格说明书》。

3.3　测试内容及策略

本测试将通过用户界面测试、集成测试，系统测试、验收测试、性能测试、负载测试、强度测试、容量测试、安全性和访问控制测试、故障转移和恢复测试、配置测试、安装测试对系统进行测试。

用户界面测试用于核实用户与软件之间的交互，测试用户界面的正确性和易用性。

3.3.1 用户界面及易用性测试

目的：确保用户界面（UI）通过测试对象的功能来为用户提供相应的访问或浏览功能；另外，UI 测试还可以确保 UI 中的对象按照预期的方式运行，并符合公司或行业的标准。

内容：对系统的功能页面进行各种可操作性测试。

重点：容错检测、易用性。

3.3.2 集成测试

目的：检测系统是否达到需求目标，对业务流程及数据流的处理是否符合标准，检测系统对业务流处理是否存在逻辑不严谨及错误，检测需求是否存在不合理的标准和要求。

内容：利用有效的和无效的数据来执行各个用例、用例流或功能，以核实在使用有效数据时得到的预期结果。在使用无效数据时显示相应的错误消息或警告消息。各业务规则都得到了正确的应用。

重点：测试的单元模块之间的接口和调用是否正确，集成后是否实现了某个功能。

3.3.3 系统测试

目的：将软件整合为一体，测试各个功能是否全部实现。

内容：将整个软件系统看成一个整体进行测试，测试功能是否能满足需求，是否全部实现，后期主要包括系统运行的性能是否满足需求，以及系统在不同的软、硬件环境中的兼容性等。

重点：系统在配置好的环境中是否可以正常运行。

3.3.4 压力测试

目的：了解（被测应用程序）一般能够承受的压力，同时能够承受的用户访问量（容量），最多支持多少名用户同时访问某个功能。

内容：

（1）因为事先我们不知道将有多少用户访问是临界点，所以在测试过程中需要多次改变用户数来确定。

（2）计划的设置，每隔 x 时间后加载 10 名用户（根据总用户数设置），完全加载后持续运行不超过 5min（根据需要设置）。

（3）当运行中的用户数 100%地达到集合点时释放。

重点：找到系统的临界值点。

3.3.5 功能测试

目的：功能测试就是对系统的各功能进行验证，根据功能测试用例，逐项测试，检查产品是否达到用户要求的功能。

内容：

（1）页面链接检查：每一个链接是否都有对应的页面，并且页面之间切换正确。

（2）相关性检查：删除/增加一项会不会对其他项产生影响，如果产生影响，这些影响是否都正确。

（3）检查按钮的功能是否正确：如“Update”、“Cancel”、“Delete”、“Save”等按钮的功能是否正确。

（4）字符串长度检查：输入超出需求所说明的字符串长度的内容，看系统是否检查字符串长度，会不会出错。

（5）字符类型检查：在应该输入指定类型的内容的地方输入其他类型的内容（如在应该输入整型的地方输入其他字符类型），看系统是否检查字符类型，会否报错。

（6）标点符号检查：输入内容包括各种标点符号，特别是空格、各种引号、回车键。看系统处理是否正确。

（7）中文字符处理：在可以输入中文的系统输入中文，看会否出现乱码或出错。

（8）检查带出信息的完整性：在查看信息和 Update 信息时，查看所填写的信息是不是全部带出，带出信息和添加的是否一致。

（9）信息重复：在一些需要命名且名字应该唯一的信息输入重复的名字或 ID，看系统有没有处理，会否报错，重名包括是否区分大小写，以及在输入内容的前后输入空格，系统是否做出正确处理。

（10）检查删除功能：在一些可以一次删除多个信息的地方，不选择任何信息，按 Delete 键，看系统如何处理，会否出错；然后选择一个和多个信息，进行删除，查看是否正确处理。

（11）检查添加和修改是否一致：检查添加和修改信息的要求是否一致，例如添加要求必填的项，修改也应该必填；添加规定为整型的项，修改也必须为整型。

（12）检查修改重名：修改时把不能重名的项改为已存在的内容，查看会否处理、报错。同时，也要注意，会不会报和自己重名的错。

（13）重复提交表单：一条已经成功提交的记录，按 Backspace 键后再提交，看看系统是否做了处理。

（14）检查多次使用 Backspace 键的情况：在有 Backspace 键的地方，按 Backspace 键，回到原来页面，再按 Backspace 键，重复多次，看会否出错。

（15）search 检查：在有 search 功能的地方输入系统存在和不存在的内容，看 search 结果是否正确。如果可以输入多个 search 条件，可以同时添加合理和不合理的条件，看系统处理是否正确。

（16）输入信息位置：注意在光标停留的地方输入信息时，光标和所输入的信息会否跳到别的地方。

（17）上传下载文件检查：上传下载文件的功能是否实现，上传文件是否能打开。对上传文件的格式有何规定，系统是否有解释信息，并检查系统是否能够做到。

（18）必填项检查：应该填写的项没有填写时，系统是否都做了处理，对必填项是否有提示信息，如在必填项前加*。

（19）快捷键检查：是否支持常用快捷键，如 Ctrl+C、Ctrl+V、Ctrl+Backspace 键等，对一些不允许输入信息的字段，如选时间、选日期对快捷方式是否也做了限制。

（20）回车键检查：在输入结束后直接按回车键，看系统处理如何，会否报错。

3.3.6 性能测试

目的：核实性能是否满足用户需求，将测试对象的性能行为作为条件的一种函数来进行评测和微调。

内容：负载测试、强度测试。

单个事务或单个用户时，在每个事务所预期的时间范围内成功地完成测试脚本，没有发生任何故障；多个事务或多个用户时，可完成脚本没有发生故障的情况临界值。

使测试系统承担不同的工作量，得出系统持续正常运行的能力。

找出因资源不足或资源争用导致的错误。

重点：确保性能指标满足用户需求。

3.3.7 容量测试

目的：所计划的测试全部执行，而且达到或超出指定的系统限制时没有出现任何软件故障。

内容：在客户机长时间内执行相同的、最坏的业务时系统维持的时间。

重点：核实系统能否在连续或模拟了最多数量的客户机下正常运行。

3.3.8 安全性和访问控制测试

目的：保证只有访问权限的用户才能访问系统，核实用户以不同身份登录有不同的访问权限。

内容：数据或业务功能访问的安全性，包括系统登录或远程访问。

重点：确保只有具备系统访问权限的用户才能访问应用程序，而且只能通过相应的网关来访问。

3.3.9 故障转移和恢复测试

目的：检测系统可否在意外数据损失、数据完整性破坏、各种硬件、软件、网络故障中恢复数据。

内容：

客户机断电、服务器断电，看事务可否发生回滚。

网络服务器中断。

重点：看数据库的恢复情况，以及系统在经历意外时是否会发生崩溃。

3.3.10 配置测试

目的：核实是否可以在所需的硬件和软件配置中正常运行。

内容：核实该系统在不同系统、不同软件和硬件配置中的运行情况。

重点：软、硬件配置不同时对系统的影响。

3.3.11 安装测试

目的：1.0 版本侧重于检查系统首次安装可否正常运行。

内容：启动或执行安装，使用预先确定的功能测试脚本子集来运行事务。

重点：异常情况处理，如磁盘空间不足、缺少目录创建权限等；核实软件安装后可否正常运行。

3.3.12　验收测试

目的：对整个系统，包括软、硬件，试运行，看全部功能是否能够实现。

内容：由软件测试工程师、用户等根据需求规格说明书对整个系统进行试运行，看是否能满足全部功能。

重点：在可移植环境中、并发访问环境中，系统是否可以正常运行。

测试的策略还可以以下格式编写。

1）整体测试策略

以下内容的目的是说明计划中使用的基本的测试过程。

使用里程碑技术在测试过程中验证每个模块，测试人员在需求阶段参与测试工作，进行需求 review、设计 review、测试案例设计和测试开发，在系统开发完成之后，正式执行测试。产品达到软件产品质量要求和测试要求后发布，并提交相关的测试文档。

2）开始/中断/完成测试标准

说明中断/开始/完成测试标准。

标准	标准说明
开始测试标准	硬件环境可用且软件正确安装完成
中断测试标准	安装无法正确完成或程序的文档有相当多的失误或系统服务异常或发现 Block bug
完成测试标准	完成测试计划中的测试规划并达到程序和测试质量目标，并由 Test Lead/R&D Manager 确认

3）测试类型

测试类型	是否采用	说明
功能测试	采用	根据系统需求文档和设计文档，检查产品是否正确实现了功能
流程测试	采用	按操作流程进行的测试，主要有业务流程、数据流程、逻辑流程、正反流程，检查软件在按流程操作时是否能够正确处理
边界值测试	采用	选择边界数据进行测试，确保系统功能正常，程序无异常
容错性测试	采用	检查系统的容错能力，错误的数据输入不会对功能和系统产生非正常的影响，且程序对错误的输入有正确的提示信息
异常测试	采用	检查系统能否处理异常
启动停止测试	采用	检查每个模块能否正常启动停止、异常停止后能否正常启动
安装测试	采用	检查系统能否正确安装、配置
易用性测试	采用	检查系统是否易用友好
界面测试	采用	检查界面是否美观合理
接口测试	采用	检查系统能否与外部接口正常工作
配置测试	采用	检查配置是否合理、配置是否正常
安全性和访问控制测试	采用	应用程序级别的安全性：检查 Actor 只能访问其所属用户类型已被授权访问的那些功能或数据。 系统级别的安全性：检查只有具备系统和应用程序访问权限的 Actor 才能访问系统和应用程序

（续表）

测试类型	是否采用	说明
性能测试	采用	提取系统性能数据，检查系统是否达到在需求中所规定的性能
压力测试	采用	检查系统能否承受大压力，测试产品是否能够在高强度条件下正常运行，且不会出现任何错误
兼容性测试	采用	对于C/S架构的系统来说，需要考虑客户端支持的系统平台。 对于B/S架构的系统来说，需要考虑用户端浏览器的版本
割接/升级测试	采用	进行专门的割接测试或升级测试，提供工程升级割接方案
文档测试	采用	检查文档是否足够、描述是否合理
回归测试	采用	检查程序修改后有没有引起新的错误、是否能够正常工作以及能否满足系统的需求

4）测试技术

测试技术	是否采用	说明
里程碑技术	采用	里程碑的达成标准及验收方法在测试完后制定
自动测试技术	采用	核心业务流程采用自动测试技术
审评测试	采用	对软件产品功能说明文档和设计说明文档进行检查，在需求与设计阶段进行
编写测试用例	采用	在产品编码阶段编写测试用例
单元测试	不采用	由开发人员进行
集成测试	采用	检测模块集成后的系统是否满足需求，对业务流程及数据流的处理是否符合标准，系统对业务流处理是否存在逻辑不严谨及错误，以及是否存在不合理的标准及要求
确认测试	采用	在产品发布前，对照feature list 进行基本需求的确认，确认产品是否正确实现了功能
系统测试	采用	包括性能测试、压力测试和回归测试
验收测试	不采用	由工程实施人员进行

3.4 测试用例范围

3.4.1 功能测试

测试的重点将主要放在功能测试上，按照角色为管理员登录，角色模块如下。

模块	编号	测试项
登录	1	以管理员身份登录，若登录成功则跳转到电子商务管理主界面
	2	用户账号被屏蔽，无法登录成功
	3	输入非法标识符，提示输入错误字符
	4	输入用户名错误，提示用户不存在
	5	输入密码错误，提示密码错误
进货管理	1	进行商品采购入库，采购退货，进/退单据和当前库存查询，与供货商的往来账务
	2	单击任意一个需求选项
	3	进入页面，出现所有相关资料
	4	对其中任意一项单击，查看、修改
销售管理	1	单击销售管理，进入销售管理页面
	2	出现商品销售、前台收银、顾客退货等相关销售内容
	3	单击任意一项，出现所要资料
	4	对所有内容进行单击，查看及修改

（续表）

模块	编号	测试项
库存管理	1	进入库存管理界面，单击查看所有库存，展示库存详细信息
	2	单击进货管理，进入进货管理界面
	3	出现采购进货、采购退货、往来账务、进退货查询、当前库存查询
统计报表	1	单击统计报表进入页面
	2	对供应商供货统计、商品采购统计、业务员采购以及库存成本统计、库存变动表、与销售有关的设计、统计、分析、排行表的查看
	3	对任意一项单击进入页面，可对所需要内容进行搜索查询、打印
日常管理	1	进入日常管理界面，出现供应商、财务报表、业务员管理等界面
	2	单击仓库查看商品种类以及商品价格、销售总数等
系统设置	1	单击进入系统设置页面
	2	出现商品管理、供应商、操作员、会员管理设置以及仓库、客户、员工、价格设置和系统
	3	对任意一项单击，对其相关内容进行查看和修改

详细操作如下。

（1）进货管理：进行商品采购入库，采购退货，进/退单据和当前库存查询，与供货商的往来账务。

单击进货管理进入页面，出现采购进货、采购退货、仓库、往来账务、进退货账务、进退货查询、当前库存查询。

单击采购进货进入页面，出现老产品添加、新产品添加。可以对其商品价格、数量、名称、进价进行修改整理。

单击采购退货进入页面，出现添加退货商品。

单击往来账务进入页面，出现账单查询。可以对一段时间的账单进行查询并打印。

单击当前库存查询进入页面，出现库存变动情况、商品变动情况、商品明细表。单击“查找”，出现对话框，通过供货商查询库存量和所在仓库。

（2）销售管理：进行商品销售（批发、零售）、顾客退货、销/退单据、当前库存查询、前台销售查询、与客户的往来账务。

进入界面后，在窗口中选择客户名称、仓库名称、经办人、备注等信息，单击“增加商品”按钮，打开增加商品窗口，具体操作参见“采购进货”操作，增加商品完成后，单击“确定”按钮保存本次销售。

（3）库存管理：包括库存之间的商品调拨、商品的报损溢、强大的库存盘点功能、库存商品报警查询。

在单击进入库存管理后，在窗口中可以看到所有的仓库。单击“增加”按钮打开增加仓库窗口，输入仓库的信息，仓库名称不能重复。如果选择“默认仓库”，则在所有单据打开窗口时显示的为该仓库，默认仓库只能有一个。单击“修改”按钮可以修改选中的仓库信息。单击“删除”按钮可以删除选中的仓库，如果该仓库有业务发生则不能删除。单击“查找”按钮打开仓库查询窗口，输入相应的条件查询不同的仓库信息。单击“全部”按钮可以列出所有的仓库信息。

（4）统计报表：完整的统计查询功能，每张单据每次收款付款都可以清楚地反映。

单击统计报表进入页面，出现供货商供货统计、商品采购统计、业务员采购、库存成本统计、库存变动表、客户销售统计、会员消费统计、业务员销售统计、商品销售统计、商品销售排行、销售营业分析。

（5）日常管理：对供货商、客户、业务员进行综合管理，对日常收入支出进行管理，进行客户借贷坏账管理、合同管理。

在日常管理中单击“供应商管理”按钮，用户通过在“输入供货商名称或编号”中输入供货商名称、名称简码、联系人等基本信息或通过“查询”按钮选择供货商，此时与该供货商相关的信息将按上面所说的形式显示于不同的位置。

此时，在“供货商信息”栏内，可查看供货商的基本账务信息，或通过“查看账务情况”按钮跳转到“往来账务（供货商）”模块，在“供货商往来账务”中将自动以当前的供货商作为查询条件进行各项查询。

在“供货商供货情况”项目中，通过选择“采购/退货/付款记录”栏中表格内的不同进、退货记录，可在“详细内容”栏内查看对应的详细商品情况。

在“备注/联系记录”项目中，通过“保存”按钮，保存“备注”栏内所修改的备注内容。

通过“增加”按钮，在弹出的“供货商联系记录”窗口中填写时间、经办人、联系内容，从而增加与供货商的联系记录。

通过“修改”按钮，在弹出的“供货商联系记录”窗口中修改联系记录。

通过“删除”按钮，删除所选择的联系记录。

在“合同管理”中，通过单击“开始”按钮，选择“查看”可以不同的显示方式显示当前供货商的合同信息。

选择“增加合同”，在弹出的“增加合同”窗口中填写新增合同的基本信息。

选择“修改合同”，在弹出的“修改合同”窗口中修改合同列表中所选择合同的基本信息。

选择“删除合同”，删除合同列表中所选择合同。

（6）基本设置：商品信息、供货商、客户、员工、仓库等基本参数的设置。

在基本设置中可以对商品信息、供货商、客户、员工、仓库、操作员、会员、商品价格进行设置。

在基本设置模块中单击“商品信息”，进入商品信息界面。在商品信息窗口中，左边是商品类别，右边列表中是该类别对应的商品。在某一类别上单击鼠标右键，可以新增类别、重命名和删除类别。新增的类别是属于所选类别的下一级，如果类别下有商品存在，则该类别是不能被删除的。在类别名称后的文本框中可以输入类别名称或类别简码来查询需要的类别。

（7）系统维护：可以进行数据库备份/恢复、系统初始化、操作员修改密码、年终结算、查看日志。在基本设置模块中单击“系统设置”按钮打开其他设置窗口。在窗口中可以看到其他设置分为三部分。

“公司信息”页中输入公司的相应信息即可，这些信息会在打印出的单据中显示出来。

“系统参数”页中主要设置与本系统有关的一些内容，可以根据需要进行不同的设置。

“折扣率设置”页中主要设置在商品销售时对应付金额的优惠率（百分比）。

“远程访问设置”页中设置一个端口号，在局域网中任何一台机器浏览器的地址栏中输入 HTTP：//服务器 IP 地址:端号，即可查看到库存情况。例如，端口为 888，本机的 IP 为 192.168.0.1。在局域网内的任何一台机器可以通过 HTTP://192.168.0.1:888 进行库存查询。设置好以上参数后单击“保存”按钮即可。

3.4.2　用户界面及易用性测试

编号	测试项	测试结果
1	软件窗口的长度和宽度接近黄金比例，使用户赏心悦目	
2	窗口上按钮的布局要与界面相协调，不要过于密集和松散	
3	页面字体大小适中，无错别字、中英文混杂	
4	页面颜色搭配要赏心悦目，与 Windows 标准窗体协调	
5	将功能相同或相近的空间划分到一个区域，方便用户查找	
6	按钮或链接命名方式与功能吻合，方便用户使用	

3.4.3　系统测试

编号	测试项	测试结果
1	系统在配置好的环境中是否可以正常运行	
2	将软件整合为一体，看各个功能是否全部实现	

3.4.4　性能测试

编号	测试项	测试结果
1	管理员的访问时间平均值是可在忍受的速度之内	
2	当并发访问用户过多时，查看并发数据量大小	

3.4.5　故障转移和恢复测试

编号	测试项	测试结果
1	检测系统在意外数据损失、数据完整性被破坏时，数据可否被回滚	
2	系统在各种硬件、软件、网络故障中有数据自恢复能力	

1．配置测试

编号	测试项	测试结果
1	软件系统在规定的标准配置计算机下可否完成运行访问	
2	软件系统在规定的非标准配置计算机下可否完成运行访问	

2．验收测试

编号	测试项	测试结果
1	内部测试人员检测系统各个功能已经实现，系统可以正常运行	
2	用户检测系统可否正常运行	
3	用户运行系统，查看各个功能与需求说明书中是否相符	

3.5 评价

3.5.1 范围

要求：

（1）功能测试涵盖测试全过程。

（2）界面测试涵盖测试全过程。

（3）逻辑测试路径的涵盖率为 85%以上。

3.5.2 准则

1）测试参数结果判定准则

完全通过：对应测试用例通过率达到 100%。

基本通过：对应的测试用例通过率达到 70%及以上，并且不存在非常严重和严重的缺陷。

不通过：对应的测试用例通过率未达到 70%，或者存在非常严重或严重的缺陷。

2）测试入口出口准则

（1）测试进入准则

以下条件为进入测试的基本条件：

开发部/开发人员应提供软件说明书、详细需求或系统设计等必要文档。

被测样品，已通过无病毒检测。

被测样品，已通过单元测试（可选）。

被测样品，已通过冒烟测试。

测试环境（场地、网络、硬件、软件等），已全部准备好。

（2）测试暂停和再启动准则

测试暂停标准如下：

测试环境发生变化（场地、网络、硬件、软件等），又处于不可使用状态。

被测样品有大量错误或严重错误，以至于继续测试没有任何意义。

测试再启动标准如下：

错误得到修改后，需要重新启动测试。

开发组提供错误修改后的安装程序以及再启动测试的相关说明。

测试组安装修改后的程序。如有必要，需要重新初始化测试数据，重新执行测试规程，恢复到发生错误前的状态。

（3）测试退出的准则

测试结论达到完全通过、基本通过或不通过的标准时，测试可以退出。

2.4.4 案例总结

测试计划的制订要注意以下内容。

（1）以需求说明为标准。

（2）细化测试范围。

（3）细化测试标准。

（4）有可能在需求提到的环境配置要求。

（5）测试方法的选择。

（6）明确测试工具。

习题与思考

1．制订软件测试计划的原则有哪些？

2．什么是静态测试、动态测试？

3．黑盒测试和白盒测试的概念是什么？它们的区别是什么？

第3章 黑盒测试

从理论上讲，黑盒测试只有采用穷举输入测试，把所有可能的输入都作为测试情况考虑，才能查出程序中所有的错误。实际上，测试情况有无穷多个，人们不仅要测试所有合法的输入，而且还要对那些不合法但可能的输入进行测试。这样看来，完全测试是不可能的，所以我们要进行有针对性的测试，通过制订测试案例指导测试的实施，保证软件测试有组织、按步骤，以及有计划地进行。黑盒测试行为必须能够加以量化，才能真正保证软件质量，而测试用例就是将测试行为具体量化的方法之一。具体的黑盒测试用例设计方法包括等价类划分法、边界值分析法、因果图法、判定表驱动法、错误推测法、正交试验设计法、功能图法、场景法等。这里介绍前四种最常用的黑盒测试方法。

3.1 黑盒测试的概念

黑盒测试是测试过程中用得非常广泛的一种测试方法，读者需要理解其概念。

3.1.1 一个例子引出黑盒测试

如果有一个如图 3.1 所示的杯子，需要你对它进行测试，应该如何下手呢？

（1）应该有用户的需求。也就是说，用户给我什么样的杯子让我测试，是玻璃杯？还是纸杯？如果是纸杯，大概是个什么样的杯子？这里用户需求是：一个带广告图案的花纸杯。

（2）测试细节。纸杯最重要的作用是装水。这里的待测纸杯能不能装水？其他液体呢？冷、热液体都能装吗？这里要对纸杯进行功能测试，只要纸杯能装各种液体、不会渗漏，说明功能完整。本章所介绍的黑盒测试主要是进行功能测试。一步一步地进行测试，就是测试用例要做的事情。

图 3.1 杯子

3.1.2　黑盒测试的具体概念

1. 概念

黑盒测试也称功能测试或数据驱动测试，它是在已知产品所应具有的功能情况下，通过测试来检测每个功能是否都能正常使用。

在测试时，把程序看成一个不能打开的黑盒子，在完全不考虑程序内部结构和内部特性的情况下，测试者在程序接口进行测试。

只检查程序功能是否按照需求规格说明书的规定被正常使用，程序是否能适当地接收输入数据而产生正确的输出信息，并且保持外部信息（如数据库或文件）的完整性，如图 3.2 所示。

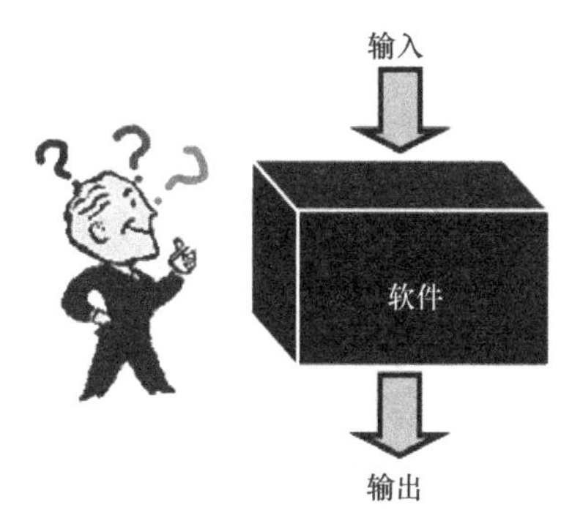

图 3.2　黑盒测试概念图示

2. 黑盒测试的两种基本方法

黑盒测试有两种基本方法，即通过测试和失败测试。

1）通过测试

在进行通过测试时，实际上是确认软件能做什么，而不会去考验其能力如何。软件测试员只运用最简单、最直观的测试案例。

在设计和执行测试案例时，总是先要进行通过测试。在进行破坏性试验之前，看一看软件的基本功能是否能够实现。这一点很重要，否则在正常使用软件时就会奇怪地发现，为什么会有那么多的软件缺陷出现？

2）失败测试

在确信了软件正确运行之后，就可以采取各种手段通过搞“垮”软件来找出缺陷。纯粹为了破坏软件而设计和执行的测试案例，被称为失败测试或迫使出错测试。

3.2　等价类划分法

等价类划分是一种典型的黑盒测试方法，本节介绍如何使用等价类方法设计测试用例，包括等价类的划分、有效等价类、无效等价类等。

3.2.1 等价类划分法的测试原理

1. 定义

这种方法是把所有可能的输入数据，即程序的输入域划分成若干部分（子集），然后从每一个子集中选取少数具有代表性的数据作为测试用例。该方法是一种重要的、常用的黑盒测试用例设计方法。

2. 划分等价类

等价类是指某个输入域的子集合。在该子集合中，各个输入数据对于揭露程序中的错误都是等效的，并合理地假定：测试某等价类的代表值就等于对这一类其他值的测试，因此，可以把全部输入数据合理地划分为若干等价类，在每一个等价类中取一个数据作为测试的输入条件，就可以用少量代表性的测试数据取得较好的测试结果。等价类划分可有两种不同的情况：有效等价类和无效等价类。

（1）有效等价类：是指对于程序的规格说明来说是由合理的、有意义的输入数据构成的集合。利用有效等价类可检验程序是否实现了规格说明中所规定的功能和性能。

（2）无效等价类：与有效等价类的定义恰巧相反。无效等价类指对程序的规格说明是由不合理的或无意义的输入数据构成的集合。对于具体的问题，无效等价类至少应有一个，也可能有多个。

设计测试用例时，要同时考虑这两种等价类。因为软件不仅要能接收合理的数据，也要能经受意外的考验。这样的测试才能确保软件具有更高的可靠性。

3. 常见的等价类划分形式

针对是否对无效数据进行测试，可以将等价类测试分为标准等价类测试、健壮等价类测试、对等区间划分。

（1）标准等价类测试。

标准等价类测试不考虑无效数据值，测试用例使用每一个等价类中的一个值。通常，标准等价类测试用例的数量和最大等价类中的元素的数目相等。

（2）健壮等价类测试。

健壮等价类测试的主要出发点是考虑了无效等价类。

对有效输入，测试用例从每一个有效等价类中取一个值；对无效输入，一个测试用例有一个无效值，其他值均取有效值。

（3）对等区间划分。

它将被测对象的输入/输出划分成一些区间，被测软件对一个特定区间的任何值都是等价的。

4. 划分等价类的规则

（1）如果输入条件规定了取值范围，可定义一个有效等价类和两个无效等价类。

【例】输入值是学生成绩，范围是0～100。

有效等价类：0≤成绩≤100。

无效等价类：① 成绩<0，②成绩>100。

（2）如果规定了输入数据的个数，则类似地可以划分出一个有效等价类和两个无效等价类。

【例】一个学生每学期只能选修1～3门课。

有效等价类：选修1～3门。

无效等价类：① 不选 或 ② 选修超过3门。

（3）如规定了输入数据的一组值，且程序对不同输入值做不同处理，则每个允许的输入值是一个有效等价类，并有一个无效等价类（所有不允许的输入值的集合）。

【例】输入条件说明学历可为专科、本科、硕士、博士四种之一。

有效等价类：① 专科、② 本科、③ 硕士、④ 博士。

无效等价类：其他任何学历。

（4）如果规定了输入数据必须遵循的规则，可确定一个有效等价类（符合规则）和若干个无效等价类（从不同角度违反规则）。

【例】校内电话号码拨外线为9开头。

有效等价类：9＋外线号码。

无效等价类：① 非9开头＋外线号码。

② 9＋非外线号码……

（5）在输入条件是一个布尔量的情况下，可确定一个有效等价类和一个无效等价类。

（6）在确知已划分的等价类中各元素在程序处理中的方式不同的情况下，则应再将该等价类进一步划分为更小的等价类。

5. 等价类划分法测试用例设计步骤

（1）对每个输入或外部条件进行等价类划分，形成等价类表，为每一等价类规定一个唯一的编号。

（2）设计一测试用例，使其尽可能多地覆盖尚未覆盖的有效等价类，重复这一步骤，直到所有有效等价类均被测试用例所覆盖。

（3）设计一新测试用例，使其只覆盖一个无效等价类，重复这一步骤，直到所有无效等价类均被覆盖。

3.2.2 等价类划分法的测试运用

【例3-1】报表日期。

设某公司要打印2001—2005年的报表，报表日期由6位数字组成，其中，前4位为年份，后 2 位为月份。

第一步：划分等价类，如表 3.1 所示。

表 3.1　等价类划分表

输入及外部条件	有效等价类	无效等价类
报表日期的 类型及长度	6 位数字字符①	有非数字字符 ④ 少于 6 个数字字符 ⑤ 多于 6 个数字字符 ⑥
年份范围	在 2001～2005 之间②	小于 2001 ⑦ 大于 2005 ⑧
月份范围	在 1～12 之间③	小于 1 ⑨ 大于 12 ⑩

第二步：为有效等价类设计测试用例。

对表中编号为①②③的 3 个有效等价类用一个测试用例覆盖，如表 3.2 所示。

表 3.2　有效等价类表

测试数据	期望结果	覆盖范围
200105	输入有效	等价类①②③

第三步：为每一个无效等价类至少设计一个测试用例，如表 3.3 所示。

表 3.3　无效等价类表

测试数据	期望结果	覆盖范围
001MAY	输入无效	等价类④
20015	输入无效	等价类⑤
2001001	输入无效	等价类⑥
20000	输入无效	等价类⑦
20080	输入无效	等价类⑧
200100	输入无效	等价类⑨
200113	输入无效	等价类⑩

【例 3-2】电话号码。

城市的电话号码由两部分组成。这两部分的名称和内容如下。

（1）地区码：以 0 开头的 3 位或者 4 位数字（包括 0）。

（2）电话号码：以非 0、非 1 开头的 7 位或者 8 位数字。

假定被调试的程序能接受一切符合上述规定的电话号码，拒绝所有不符合规定的号码，就可用等价分类法来设计它的调试用例。

第一步：划分等价类，如表 3.4 所示。

表 3.4 等价类划分表

输入数据	有效等价类	无效等价类
地区码	1. 以 0 开头的 3 位数串 2. 以 0 开头的 4 位数串	3. 以 0 开头的含有非数字字符的数串 4. 以 0 开头的小于 3 位的数串 5. 以 0 开头的大于 4 位的数串 6. 以非 0 开头的数串
电话号码	7. 以非 0、非 1 开头的 7 位数串 8. 以非 0、非 1 开头的 8 位数串	9. 以 0 开头的数串 10. 以 1 开头的数串 11. 以非 0、非 1 开头的含有非法字符 7 或者 8 位的数串 12. 以非 0、非 1 开头的小于 7 位的数串 13. 以非 0、非 1 开头的大于 8 位的数串

第二步：为有效等价类设计测试用例，如表 3.5 所示。

表 3.5 有效等价类表

测试数据	期望结果	覆盖范围
010 23145678	显示有效输入	1、8
023 2234567	显示有效输入	1、7
0851 3456789	显示有效输入	2、7
0851 23145678	显示有效输入	2、8

第三步：为每一个无效等价类至少设计一个测试用例，如表 3.6 所示。

表 3.6 无效等价类表

测试数据	期望结果	覆盖范围
0a34 23456789	显示无效输入	3
05 23456789	显示无效输入	4
01234 23456789	显示无效输入	5
2341 23456789	显示无效输入	6
028 01234567	显示无效输入	9
028 12345678	显示无效输入	10
028 qw123456	显示无效输入	11
028 623456	显示无效输入	12
028 886234569	显示无效输入	13

【例 3-3】三角形问题的等价测试用例。

某程序规定："输入三个整数 a、b、c 分别作为三边的边长构成三角形。通过程序决策所构成的三角形的类型，当此三角形为一般三角形、等腰三角形及等边三角形时，分别做计算…"。用等价类划分方法为该程序进行测试用例设计。（三角形问题的复杂之处在于输入与输出之间的关系比较复杂。）

分析题目中给出和隐含的对输入条件的要求：

（1）整数　（2）三个数　（3）非零数　（4）正数

（5）两边之和大于第三边　（6）等腰　（7）等边

如果 a、b、c 满足条件（1）～（4），则输出下列四种情况之一：

①如果不满足条件（5），则程序输出为“非三角形”。

②如果三条边相等即满足条件（7），则程序输出为“等边三角形”。

③如果只有两条边相等即满足条件（6），则程序输出为“等腰三角形”。

④如果三条边都不相等，则程序输出为“一般三角形”。

第一步：列出等价类表并编号，如表 3.7 所示。

表 3.7　等价类划分表

		有效等价类	号码	无效等价类		号码
输入条件	输入三个整数	整数	1	一边为非整数	a为非整数	12
					b为非整数	13
					c为非整数	14
				两边为非整数	a，b为非整数	15
					a，b为非整数	16
					a，b为非整数	17
				三边为非整数	a，b，c均为非整数	18
		三个数	2	只给一边	只给a	19
					只给b	20
					只给c	21
				只给两边	只给ab	22
					只给bc	23
					只给ac	24
				给出三个以上		25
		非零数	3	一边为零	a为零	26
					b为零	27
					c为零	28
				两边为零	ab为零	29
					bc为零	30
					ac为零	31
				三边均为零		32
		正数	4	一边<0	a<0	33
					b<0	34
					c<0	35
				两边<0	ab<0	36
					bc<0	37
					ac<0	38
				三边均<0		39

（续表）

<table>
<tr><td rowspan="13">输出条件</td><td></td><td>有效等价类</td><td>号码</td><td>无效等价类</td><td>号码</td></tr>
<tr><td rowspan="6">构成一般三角形</td><td rowspan="2">a+b>c</td><td rowspan="2">5</td><td>a＋b<0</td><td>40</td></tr>
<tr><td>a＋b=0</td><td>41</td></tr>
<tr><td rowspan="2">b+c>a</td><td rowspan="2">6</td><td>b＋c<a</td><td>42</td></tr>
<tr><td>b＋c＝a</td><td>43</td></tr>
<tr><td rowspan="2">a+c>b</td><td rowspan="2">7</td><td>a＋c<b</td><td>44</td></tr>
<tr><td>a＋c=b</td><td>45</td></tr>
<tr><td rowspan="4">构成等腰三角形</td><td>a=b 且两边之和大于第三边</td><td>8</td><td></td><td></td></tr>
<tr><td>b=c 且两边之和大于第三边</td><td>9</td><td></td><td></td></tr>
<tr><td>a=c 且两边之和大于第三边</td><td>10</td><td></td><td></td></tr>
<tr><td>a=b=c</td><td>11</td><td></td><td></td></tr>
</table>

第二步：覆盖有效等价类的测试用例，如表 3.8 所示。

表 3.8 有效等价类表

a	b	c	覆盖等价类号码
3	4	5	1～7
4	4	5	1～7，8
4	5	5	1～7，9
5	4	5	1～7，10
4	4	4	1～7，11

第三步：覆盖无效等价类的测试用例，如表 3.9 所示。

【例 3-4】 NextDate 函数。

描述：NextDate 函数包含三个变量，即 month、day 和 year，函数的输出为输入日期后一天的日期。例如，输入为 2006 年 3 月 7 日，则函数的输出为 2006 年 3 月 8 日。要求输入变量 month、day 和 year 均为整数值，并且满足下列条件。

① 1≤month≤12。

② 1≤day≤31。

③ 1920≤year≤2050。

（1）简单等价类划分测试 NextDate 函数。

①有效等价类为：

M1＝{月份：1≤月份≤12}

D1＝{日期：1≤日期≤31}

Y1＝{年：1912≤年≤2050}

表 3.9　无效等价类表

<table>
<tr><th>a</th><th>b</th><th>c</th><th colspan="2">覆盖等价类号码</th><th>a</th><th>b</th><th>c</th><th colspan="2">覆盖等价类号码</th></tr>
<tr><td>2.3</td><td>4</td><td>5</td><td>12</td><td rowspan="7">非整数</td><td>0</td><td>0</td><td>5</td><td>29</td><td rowspan="4">边为0</td></tr>
<tr><td>3</td><td>4.5</td><td>5</td><td>13</td><td>3</td><td>0</td><td>0</td><td>30</td></tr>
<tr><td>3</td><td>4</td><td>5.5</td><td>14</td><td>0</td><td>4</td><td>0</td><td>31</td></tr>
<tr><td>3.5</td><td>4.5</td><td>5</td><td>15</td><td>0</td><td>0</td><td>0</td><td>32</td></tr>
<tr><td>3</td><td>4.5</td><td>5.5</td><td>16</td><td>−3</td><td>4</td><td>5</td><td>33</td><td rowspan="7">边为负数</td></tr>
<tr><td>3.5</td><td>4</td><td>5.5</td><td>17</td><td>3</td><td>−4</td><td>5</td><td>34</td></tr>
<tr><td>3.5</td><td>4.5</td><td>5.5</td><td>18</td><td>3</td><td>4</td><td>−5</td><td>35</td></tr>
<tr><td>3</td><td></td><td></td><td>19</td><td rowspan="7">非3个数</td><td>−3</td><td>−4</td><td>5</td><td>36</td></tr>
<tr><td></td><td>4</td><td></td><td>20</td><td>3</td><td>4</td><td>−5</td><td>37</td></tr>
<tr><td></td><td></td><td>5</td><td>21</td><td>3</td><td>−4</td><td>−5</td><td>38</td></tr>
<tr><td>3</td><td>4</td><td></td><td>22</td><td>−3</td><td>−4</td><td>−5</td><td>39</td></tr>
<tr><td></td><td>4</td><td>5</td><td>23</td><td>3</td><td>1</td><td>5</td><td>40</td><td rowspan="6">两边之和小于第三边</td></tr>
<tr><td>3</td><td></td><td>5</td><td>24</td><td>3</td><td>2</td><td>5</td><td>41</td></tr>
<tr><td>3</td><td>4</td><td>5，6</td><td>25</td><td>3</td><td>1</td><td>1</td><td>42</td></tr>
<tr><td>0</td><td>4</td><td>5</td><td>26</td><td rowspan="3">非边为0</td><td>3</td><td>2</td><td>1</td><td>43</td></tr>
<tr><td>3</td><td>0</td><td>5</td><td>27</td><td>1</td><td>4</td><td>2</td><td>44</td></tr>
<tr><td>3</td><td>4</td><td>0</td><td>28</td><td>3</td><td>4</td><td>1</td><td>45</td></tr>
</table>

②若条件①～③中任何一个条件失效，则 NextDate 函数都会产生一个输出，指明相应的变量超出取值范围，比如“month 的值不在 1～12 范围当中”。显然还存在着大量的 year、month、day 的无效组合，NextDate 函数将这些组合做统一的输出："无效输入日期"。

其无效等价类为：

M2＝{月份：月份<1}

M3＝{月份：月份>12}

D2＝{日期：日期<1}

D3＝{日期：日期>31}

Y2＝{年：年<1912}

Y3＝{年：年>2050}

一般等价类测试用例如表 3.10 所示。

表 3.10　NextDate 函数的一般等价类测试用例

测试用例	输入			期望输出
	month	day	year	
Test Case 1	9	9	2007	2008 年 9 月 10 号

（2）健壮等价类测试划分测试 NextDate 函数。

健壮等价类测试中包含弱健壮等价类测试和强健壮等价类测试。

（3）弱健壮等价类测试。

弱健壮等价类测试中的有效测试用例使用每个有效等价类中的一个值。弱健壮等价类测试中的无效测试用例则只包含一个无效值，其他都是有效值，即含有单缺陷假设，如表3.11所示。

表3.11 NextDate函数的弱健壮等价类测试用例

测试用例	输入			期望输出
	month	day	year	
Test Case 1	9	9	2007	2007年9月10日
Test Case 2	0	9	2007	month不在1～12中
Test Case 3	13	9	2007	month不在1～12中
Test Case 4	9	0	2007	day不在1～31中
Test Case 5	9	32	2007	day不在1～31中
Test Case 6	9	9	1911	year不在1912～2050中
Test Case 7	9	9	2051	year不在1912～2050中

（4）强健壮等价类测试。

强健壮等价类测试考虑了更多的无效值情况。强健壮等价类测试中的无效测试用例可以包含多个无效值，即含有多个缺陷假设。因为NextDate函数有三个变量，所以对应的强健壮等价类测试用例可以包含一个无效值，两个无效值或三个无效值，如表3.12所示。

表3.12 NextDate函数的强健壮等价类测试用例

测试用例	输入			期望输出
	month	day	year	
Test Case 1	−1	9	2007	month不在1～12中
Test Case 2	9	−1	2007	day不在1～31中
Test Case 3	9	9	1900	year不在1912～2050中
Test Case 4	−1	−1	2007	变量month、day无效 变量year有效
Test Case 5	−1	9	1900	变量month、year无效 变量day有效
Test Case 6	9	−1	1900	变量day、year无效 变量month有效
Test Case 7	−1	−1	1900	变量month、day、year无效

3.3 边界值分析法

边界值分析不是从某等价类中随便挑一个作为代表，而是使这个等价类的每个边界都要作为测试条件。读者应当理解体会边界值测试的思想，了解常用数据类型的边界值特征描述。

3.3.1 边界值分析法的测试原理

1．定义

边界值分析法就是对输入或输出的边界值进行测试的一种黑盒测试方法。通常，边界值分析法是作为对等价类划分法的补充。在这种情况下，其测试用例来自等价类的边界。

2．与等价划分的区别

（1）边界值的每个边都应作为测试代表。
（2）边界值分析不仅考虑输入条件，还要考虑输出空间产生的测试情况。

3．边界值分析法的考虑

长期的测试工作经验告诉我们，大量的错误发生在输入或输出范围的边界上，而不是发生在输入/输出范围的内部。因此，针对各种边界情况设计测试用例，可以查出更多的错误。

使用边界值分析法设计测试用例，首先应确定边界情况。通常输入和输出等价类的边界，就是应着重测试的边界情况。应当选取正好等于、刚刚大于或刚刚小于边界的值作为测试数据，而不是选取等价类中的典型值或任意值作为测试数据。

4．常见的边界值

（1）对 16-bit 的整数而言，32767 和−32768 是边界值。
（2）屏幕上光标在最左上、最右下位置。
（3）报表的第一行和最后一行。
（4）数组元素的第一个和最后一个。
（5）循环的第 0 次、第 1 次和倒数第 2 次、最后一次。

5．边界值分析

（1）边界值分析使用与等价类划分法相同的划分，只是边界值分析假定错误更多地存在于划分的边界上，因此在等价类的边界上以及对两侧的情况设计测试用例。
例：测试计算平方根的函数。
①输入：实数。
②输出：实数。
③规格说明：当输入一个 0 或比 0 大的数的时候，返回其正平方根；当输入一个小于 0 的数时，显示错误信息"平方根非法-输入值小于 0"并返回 0；库函数 Print-Line 可以用来输出错误信息。
（2）等价类划分。
①可以考虑作出如下划分：
a．输入(i)<0 和(ii)>=0。
b．输出(a)>=0 和(b)Error。
②测试用例有两个：

a．输入4，输出2。对应于(ii)和(a)。

b．输入-10，输出0和错误提示。对应于(i)和(b)。

（3）边界值分析。

划分(ii)的边界为0和最大正实数；划分(i)的边界为最小负实数和0。由此得到以下测试用例：

a．输入{最小负实数}。

b．输入{绝对值很小的负数}。

c．输入0。

d．输入{绝对值很小的正数}。

e．输入{最大正实数}。

（4）通常情况下，软件测试所包含的边界检验有几种类型：数字、字符、位置、重量、大小、速度、方位、尺寸、空间等。

（5）相应地，以上类型的边界值应该在最大/最小、首位/末位、上/下、最快/最慢、最高/最低、最短/最长、空/满等情况下。

（6）利用边界值作为测试数据，如表3.13所示。

表3.13 边界值测试数据表

项	边界值	测试用例的设计思路
字符	起始-1个字符/结束+1个字符	假设一个文本输入区域允许输入1～255个字符，输入1个和255个字符作为有效等价类；输入0个和256个字符作为无效等价类，这几个数值都属于边界条件值
数值	最小值-1/最大值+1	假设某软件的数据输入域要求输入5位的数据值，可以使用10000作为最小值、99999作为最大值；然后使用刚好小于5位和大于5位的数值来作为边界条件
空间	小于空余空间一点/大于满空间一点	例如在用U盘存储数据时，使用比剩余磁盘空间大一点（几KB）的文件作为边界条件

（7）内部边界值分析。在多数情况下，边界值条件是基于应用程序的功能设计而需要考虑的因素，可以从软件的规格说明或常识中得到，也使最终用户可以很容易地发现问题。然而，在测试用例设计过程中，某些边界值条件是不需要呈现给用户的，或者说用户是很难注意到的，但同时确实属于检验范畴内的边界条件，称为内部边界值条件或子边界值条件。

内部边界值条件主要有下面几种。

①数值的边界值检验：计算机是基于二进制进行工作的，因此，软件的任何数值运算都有一定的范围限制，如表3.14所示。

表3.14 边界值范围限制表

项	范围或值
位（bit）	0或者1
字节（Byte）	0～225
字（word）	0～65535（单字）或0～4294967295（双字）
千（K）	1024
兆（M）	1048576
吉（G）	1073741824

②字符的边界值检验：在计算机软件中，字符也是很重要的表示元素，其中ASCII和Unicode是常见的编码方式。表3.15中列出了一些常用字符对应的ASCII码值。

表3.15　边界值ASCII码表

字符	ASCII码值	字符	ASCII码值
空（null）	0	A	65
空格（space）	32	a	97
斜杠（/）	47	Z	90
0	48	z	122
冒号（:）	58	单引号（'）	96
@	64		

③其他边界值检验。

6．基于边界值分析法选择测试用例的原则

（1）如果输入条件规定了值的范围，则应取刚达到这个范围的边界的值，以及刚刚超越这个范围边界的值作为测试输入数据。

例如，如果程序的规格说明中规定："重量在10～50kg范围内的邮件，其邮费计算公式为……"。作为测试用例，我们应取10及50，还应取10.01、49.99、9.99及50.01等。

（2）如果输入条件规定了值的个数，则用最大个数、最小个数、比最小个数少1、比最大个数多1的数作为测试数据。

比如，一个输入文件应包括1～255个记录，则测试用例可取1和255，还应取0及256等。

（3）将规则①和②应用于输出条件，即设计测试用例使输出值达到边界值及其左右的值。

例如，某程序的规格说明要求计算出"每月保险金扣除额为0至1165.25元"，其测试用例可取0.00及1165.24、还可取-0.01及1165.26等。

再如，一程序属于情报检索系统，要求每次"最少显示1条、最多显示4条情报摘要"，这时我们应考虑的测试用例包括1和4，还应包括0和5等。

（4）如果程序的规格说明给出的输入域或输出域是有序集合，则应选取集合的第一个元素和最后一个元素作为测试用例。

（5）如果程序中使用了一个内部数据结构，则应当选择这个内部数据结构的边界上的值作为测试用例。

（6）分析规格说明，找出其他可能的边界条件。

7．边界值分析测试基本思想

1）基本边界值测试

故障往往出现在输入变量的边界值附近。利用输入变量的

➢ 最小值（min）；

- 略大于最小值（min+）；
- 输入值域内的任意值（nom）；
- 略小于最大值（max−）；
- 最大值（max）。

来设计测试用例。

推论：对于有 n 个变量的函数用边界值分析需要 $4n+1$ 个测试用例，如图 3.3 所示。

边界值分析法是基于可靠性理论中称为“单故障”的假设，即有两个或两个以上故障同时出现而导致软件失效的情况很少，也就是说，软件失效基本上是由单故障引起的。

因此，在边界值分析法中获取测试用例的方法是：

（1）每次保留程序中的一个变量，让其余的变量取正常值，被保留的变量依次取 min、min+、nom、max−和 max。

（2）对程序中的每个变量重复（1）。

2）健壮性边界值测试

健壮性测试是作为边界值分析的一个简单的扩充，它除了对变量的 5 个边界值分析取值外，还需要增加一个略大于最大值（max+）以及略小于最小值（min−）的取值，检查超过极限值时系统的情况。

因此，对于有 n 个变量的函数采用健壮性测试需要 $6n+1$ 个测试用例，如图 3.4 所示。

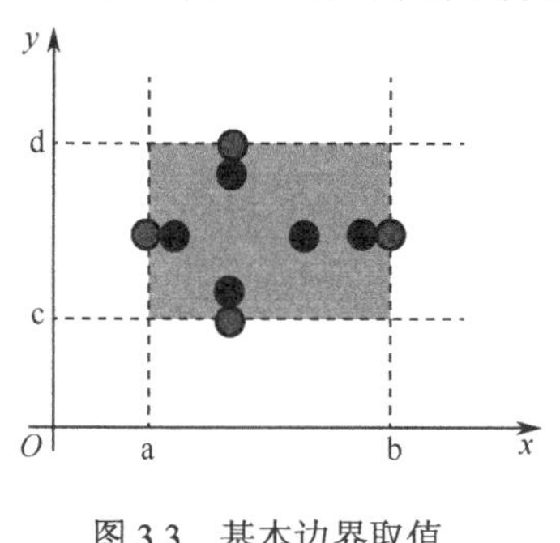

图 3.3　基本边界取值

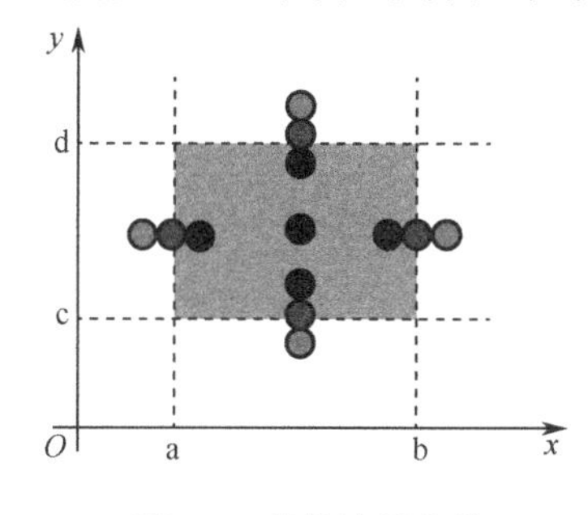

图 3.4　健壮边界取值

3.3.2 边界值分析法的测试运用

【例 3-5】三角形问题的基本边界值分析测试用例设计。

描述：边长是整数，下界为 1，上界为 100。

根据单故障假设，其中，A、B、C 为三角形的三条边设计测试用例如表 3.16 所示。

表 3.16　三角形基本边界值表

测试用例	A	B	C	预期结果
T01	60	60	1	等腰三角形
T02	60	60	2	等腰三角形
T03	60	60	60	等边三角形

（续表）

测试用例	A	B	C	预期结果
T04	50	50	99	等腰三角形
T05	50	50	100	非三角形
T06	60	1	60	等腰三角形
T07	60	2	60	等腰三角形
T08	50	99	50	等腰三角形
T09	50	100	50	非三角形
T10	1	60	60	等腰三角形
T11	2	60	60	等腰三角形
T12	99	50	50	等腰三角形
T13	100	50	50	非三角形

【例 3-6】计算长方体的体积，设计测试用例。

描述：某程序要求输入三个整数 *x*、*y*、*z*，分别作为长方体的长、宽、高，*x*、*y*、*z* 的取值范围在 2～20 之间，请用健壮边界值方法设计测试用例，计算长方体的体积。

根据健壮边界值 6*n*+1 个测试用例，6×3+1=19 个，如表 3.17 所示。

表 3.17　三个整数健壮边界值表

测试用例	A	B	C	预期结果
TC1	1	10	10	*x* 值超出范围
TC2	2	10	10	200
TC3	3	10	10	300
TC4	10	10	10	1000
TC5	19	10	10	1900
TC6	20	10	10	2000
TC7	21	10	10	*x* 值超出范围
TC8	10	1	10	*y* 值超出范围
TC9	10	2	10	200
TC10	10	3	10	300
TC11	10	19	10	1900
TC12	10	20	10	2000
TC13	10	21	10	*y* 值超出范围
TC14	10	10	1	*z* 值超出范围
TC15	10	10	2	200
TC16	10	10	3	300
TC17	10	10	19	1900
TC18	10	10	20	2000
TC19	10	10	21	*z* 值超出范围

3.4 决策表法

在所有黑盒测试方法中，基于决策表的测试是最严格、最具有逻辑性的测试方法。

3.4.1 决策表法的测试原理

1. 定义

决策表是分析和表达多逻辑条件下执行不同操作的情况的工具。

2. 决策表的优点

能够将复杂的问题按照各种可能的情况全部列举出来，简明并避免遗漏。因此，利用决策表能够设计出完整的测试用例集合。

在一些数据处理问题中，某些操作的实施依赖于多个逻辑条件的组合，即针对不同逻辑条件的组合值，分别执行不同的操作。决策表很适合于处理这类问题。

3. 决策表组成

决策表组成图如图3.5所示。

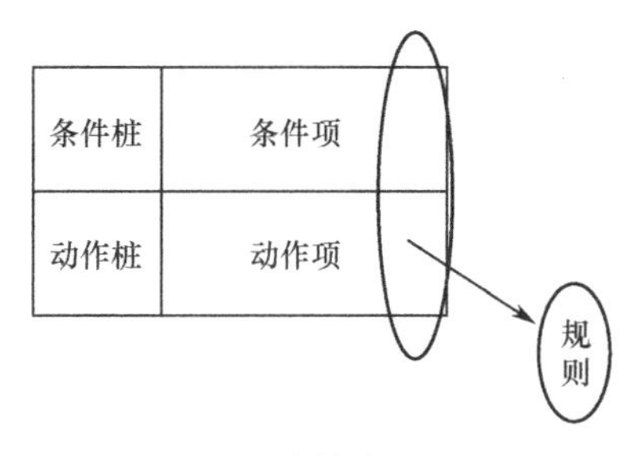

图3.5 决策表组成图

决策表由四部分组成：条件桩、动作桩、条件项、动作项。在决策表中贯穿条件项和动作项的一列就是一条规则，如图3.5所示。

（1）条件桩（Condition Stub）：列出了问题的所有条件。通常认为列出的条件的次序无关紧要。

（2）动作桩（Action Stub）：列出了问题规定可能采取的操作。对这些操作的排列顺序没有约束。

（3）条件项（Condition Entry）：列出针对它左列条件的取值在所有条件组合下的取值情况。

（4）动作项（Action Entry）：列出在条件项的各种取值情况下应该采取的动作。

4. “阅读指南”决策表举例

“阅读指南”决策表举例如表3.18所示。

表 3.18 “阅读指南”决策表

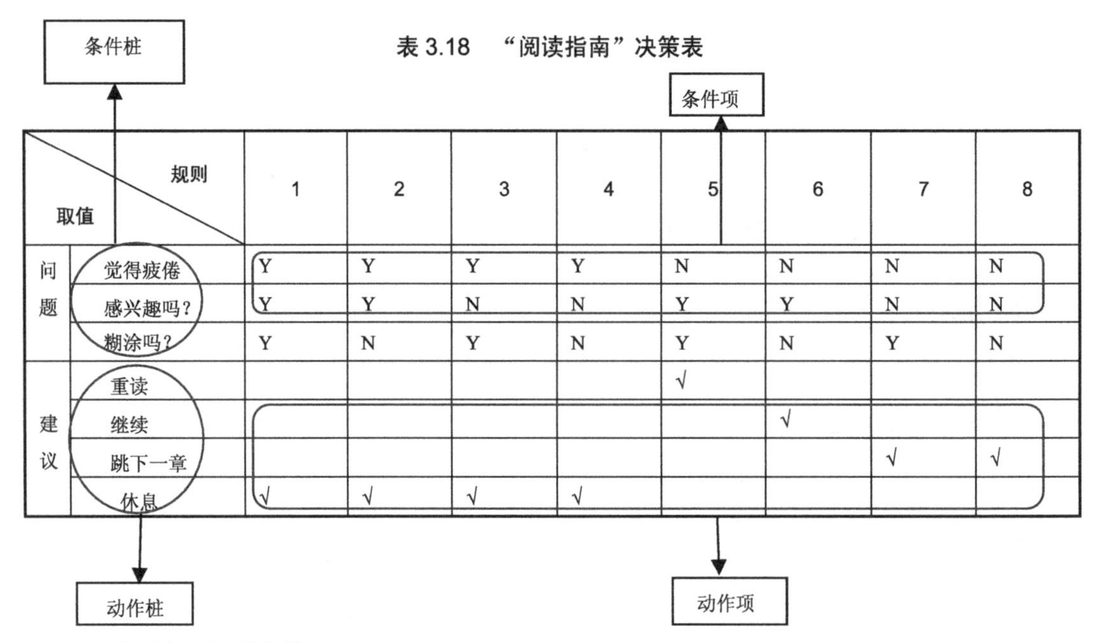

取值 \ 规则		1	2	3	4	5	6	7	8
问题	觉得疲倦	Y	Y	Y	Y	N	N	N	N
	感兴趣吗？	Y	Y	N	N	Y	Y	N	N
	糊涂吗？	Y	N	Y	N	Y	N	Y	N
建议	重读					√			
	继续						√		
	跳下一章							√	√
	休息	√	√	√	√				

5. 规则及规则合并

（1）规则：任何一个条件组合的特定取值及其相应要执行的操作称为规则。在决策表中贯穿条件项和动作项的一列就是一条规则。显然，决策表中列出多少组条件取值，也就有多少条规则，即条件项和动作项有多少列。

（2）合并：就是规则合并有两条或多条规则具有相同的动作，并且其条件项之间存在着极为相似的关系。规则合并需满足下面两个条件。

①两条或多条规则的动作项相同。

②条件项只有一项不同，如图 3.6 所示。

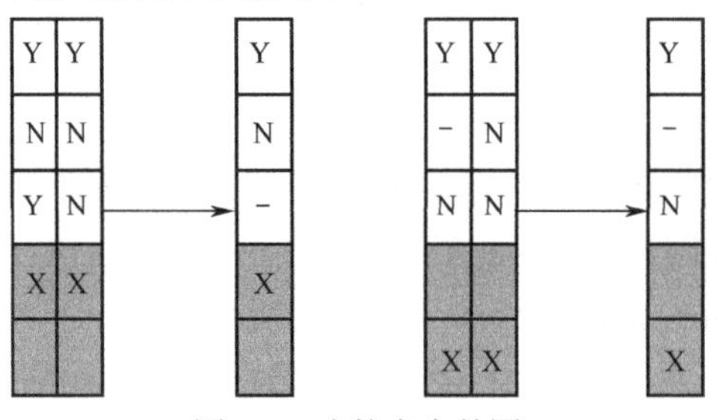

图 3.6 决策表合并图

注：合并后的条件项用符号“—”表示，说明执行的动作与该条件的取值无关，称为无关条件。

6. 规则合并举例

（1）如表 3.19 所示，先找两规则动作项相同的，再找条件项只有一项不同，在 1、2 条件项分别取 Y、N 时，无论条件 3 取何值，都执行同一操作，即要执行的动作与条件 3 无关。于是，可合并。“—”表示与取值无关。

表 3.19 阅读指南决策表合并 1

2. 条件项只有一项不相同

取值 \ 规则		1	2	3	4	5	6	7	8
问题	觉得疲倦	Y	Y	Y	Y	N	N	N	N
	感兴趣吗?	Y	Y	N	N	Y	Y	N	N
	糊涂吗?	Y	N	Y	N	Y	N	Y	N
建议	重读					√			
	继续						√		
	跳下一章							√	√
	休息	√	√	√	√				

1. 动作项相同

（2）合并后如表 3.20 所示。

表 3.20 阅读指南决策表合并 2

取值 \ 规则		1	3	5	6	7
问题	觉得疲倦	Y	Y	N	N	N
	感兴趣吗?	Y	N	Y	Y	N
	糊涂吗?	–	–	Y	N	–
建议	重读			√		
	继续				√	
	跳下一章					√
	休息	√	√			

这两条规则动作项相同，条件项只有一项不同，可以合并

（3）再次化简后的读书指南决策表如表 3.21 所示。

表 3.21 阅读指南决策表合并 3

取值 \ 规则		1	5	6	7
问题	觉得疲倦	Y	N	N	N
	感兴趣吗?	–	Y	Y	N
	糊涂吗?	–	Y	N	–

（续表）

取值 \ 规则		1	5	6	7
建议	重读		√		
	继续			√	
	跳下一章				√
	休息	√			

7．决策表的建立步骤

（1）列出所有的条件桩和动作桩。

（2）确定规则的个数。假如有 n 个条件。因每个条件有两个取值（0，1），故有 2^n 种规则。

（3）填入条件项。

（4）填入动作项。得到初始决策表。

（5）简化，合并相似规则（相同动作）。

3.4.2　决策表法的测试运用

【例 3-7】维修机器问题。

描述：对功率大于 50W 的机器，维修记录不全或者已运行 10 年以上的机器，应给予优先维修处理。请建立决策表。

（1）列出所有的条件桩和动作桩。

①条件桩。

C1：功率大于 50W 吗？

C2：维修记录不全吗？

C3：已运行 10 年以上吗？

②动作桩。

A1：优先维修处理。

A2：一般处理。

（2）确定规则个数。

输入条件的个数为 3，则规则个数为 $2^3=8$

（3）填入条件项。

（4）填入动作项。得到初始决策表（如表 3.22 所示）。

（5）化简决策表。

化简后如表 3.23 所示。

表 3.22　维修机器决策表

取值 \ 规则	1	2	3	4	5	6	7	8
C1：功率大于 50W 吗？	T	T	T	T	F	F	F	F
C2：维修记录不全吗？	T	T	F	F	T	T	F	F
C3：已运行 10 年以上吗？	T	F	T	F	T	F	T	F
A1：优先维修处理	√	√	√	√	√	√	√	
A2：一般处理								√

图中两个圈中的项可以合并

表 3.23　维修机器决策表合并

取值 \ 规则	1	2	3	4
C1：功率大于 50W 吗？	T	F	F	F
C2：维修记录不全吗？	–	T	F	F
C3：已运行 10 年以上吗？	–	–	T	F
A1：优先维修处理	√	√	√	
A2：正常处理				√

（6）根据决策表得到测试用例表（如表 3.24 所示）。

表 3.24　维修机器测试用例表

测试用例	输入	预计输出
TC1	只要功率大于 50W	优先维修处理
TC2	功率小于 50W，维修记录不全	优先维修处理
TC3	功率小于 50W，维修记录全，已运行 10 年以上	优先维修处理
TC4	三个条件都不满足	正常处理

【例 3-8】三角形问题。

描述：输入 3 个整数（a、b 和 c），作为三角形的 3 条边。通过程序判断出由这 3 条边构成的三角形的类型是等边三角形、等腰三角形，还是一般三角形，并打印出相应的信息。

条件如下。

（1）输入 3 个整数（a、b 和 c）作为三角形的三条边。

（2）正数 a ∈ [1，100]　b ∈ [1，100] c ∈ [1，100]。

（3）三角形两边之和大于第三边。

输出三角形类型的条件如下。

（1）一般三角形：a+b>c　或　a+c>b　或　b+c >a。

（2）等腰三角形：在满足一般三角形的前提下，且 $a=b\neq c$ 或 $a=c\neq b$ 或 $b=c\neq a$。

（3）等边三角形：在满足一般三角形的前提下，且 a=b=c。

（4）不能构成边三角形：$a+b<c$ 或 $a+c<b$ 或 $c+b<a$。

可以看出程序的输出由 a,b,c 之间是否相等的关系决定，即 a=b?, a=c?, b=c?。这样我们可以把 a=b?, a=c?, b=c?当成条件桩，把程序的输出当成动作桩。

解题步骤如下。

（1）列出所有的条件桩和动作桩。

①条件桩：

C1：a，b，c 构成三角形？

C2：a=b？

C3：a=c？

C4：b=c？

②动作桩：

A1：非三角形。

A2：一般三角形。

A3：等腰三角形。

A4：等边三角形。

A5：不可能。

（2）确定规则的个数：$2^{\wedge 4}=16$。

（3）填入条件项。

（4）填入动作项，初始决策表如表 3.25 所示。

表 3.25　三角形问题初始决策表

规则 取值	1	2	3	4	5	6	7	8	9	10	11	12	13	14	15	16
C1：a,b,c 构成三角形？	F	F	F	F	F	F	F	F	T	T	T	T	T	T	T	T
C2：a=b？	F	F	F	F	T	T	T	T	F	F	F	F	T	T	T	T
C3：a=c？	F	F	T	T	F	F	T	T	F	F	T	T	F	F	T	T
C4：b=c？	F	T	F	T	F	T	F	T	F	T	F	T	F	T	F	T
A1：非三角形	√	√	√	√	√	√	√	√								
A2：一般三角形									√							
A3：等腰三角形										√	√		√			
A4：等边三角形																√
A5：不可能											√	√		√	√	

1～8 条规则可以合并

（5）简化决策表，如表 3.26 所示。

表 3.26　三角形问题决策表合并

规则 取值	1	2	3	4	5	6	7	8	9
C1：a,b,c 构成三角形？	F	T	T	T	T	T	T	T	T
C2：a=b？	–	F	F	F	F	T	T	T	T
C3：a=c？	–	F	F	T	T	F	F	T	T
C4：b=c？	–	F	T	F	T	F	T	F	T
A1：非三角形	√								
A2：一般三角形		√							
A3：等腰三角形			√	√		√			
A4：等边三角形									√
A5：不可能					√		√	√	

（6）根据决策表中每一条规则，设计一条测试用例，去掉不可能存在的规则 5、7、8，测试用例表如表 3.27 所示。

表 3.27　三角形问题测试用例表

测试用例	a	b	c	预期结果
TC1	1	2	4	非三角形
TC2	3	4	5	一般三角形
TC3	3	4	4	等腰三角形
TC4	4	3	4	等腰三角形
TC5	4	4	3	等腰三角形
TC6	3	3	3	等边三角形

【例 3-9】付款程序实现如下功能：普通顾客一次购物累计少于 100 元，不打折，一次购物累计多于或等于 100 元，打 9 折；会员顾客按会员价格一次购物累计少于 1000 元，打 8 折，一次购物累计等于或多于 1000 元，打 7 折。试用决策表法设计其测试用例。

分析：程序的输出即顾客的应付款由顾客的身份和其购物金额决定，这样我们可以把顾客的身份和其购物金额当成条件桩，把程序的输出当成动作桩。

（1）列出所有的条件桩和动作桩。

① 条件桩：

C1：会员顾客？

C2：普通顾客？

C3：购物金额<100？

C4：购物金额>=100？

C5：购物金额<1000？

C6：购物金额>=1000？

② 动作桩：

A1：打 7 折。

A2：打 8 折。

A3：打 9 折。

A4：不打折。

A5：不可能。

（2）确定规则的个数：$2^{\wedge 6}$=64。

规则个数太大，这时要对条件桩进行修改，决策表的类型分为有限条目决策表和扩展条目决策表。

① 有限条目决策表：所有条件都是二值条件（真/假）。

② 扩展条目决策表：条件可以有多个值。

修改条件桩为：

C1：顾客为会员或普通顾客。

C2：购物金额为（0，100）或[100，1000）或[1000，∞）。

重新确定规则数：2*3=6。

（3）填入条件项。

（4）填入动作项，初始决策表如表 3.28 所示。

表 3.28　初始决策表

规则 桩	1	2	3	4	5	6
C1：顾客为会员或普通顾客	会员	会员	会员	普通顾客	普通顾客	普通顾客
C2：购物金额为（0，100）或[100，1000）或[1000，∞）	（0，100）	[100，1000）	[1000，∞）	（0，100）	[100，1000）	[1000，∞）
A1：打 7 折			√			
A2：打 8 折	√	√				
A3：打 9 折					√	√
A4：不打折				√		

3.5　因果图法

如果在测试时必须考虑输入条件的各种组合，则可能的组合数将是天文数字，因此必须考虑采用一种合适的方法来处理，因果图就非常适用。

3.5.1　因果图法的测试原理

1．定义

这是一种利用图解法分析输入的各种组合情况，从而设计测试用例的方法，它适合于检查程序输入条件的各种组合情况。

2. 因果图法产生的背景

等价类划分法和边界值分析法都是着重考虑输入条件，但没有考虑输入条件的各种组合、输入条件之间的相互制约关系。这样，虽然各种输入条件可能出错的情况已经被测试到了，但多个输入条件组合起来可能出错的情况却被忽视了。

如果在测试时必须考虑输入条件的各种组合，则可能的组合数目将是天文数字。因此，必须考虑采用一种适合于描述多种条件的组合、相应产生多个动作的形式来进行测试用例的设计，这就需要利用因果图（逻辑模型）。

3. 因果图介绍

（1）关系：因果图中使用4种因果关系符号来表达因果关系，如图3.7所示。

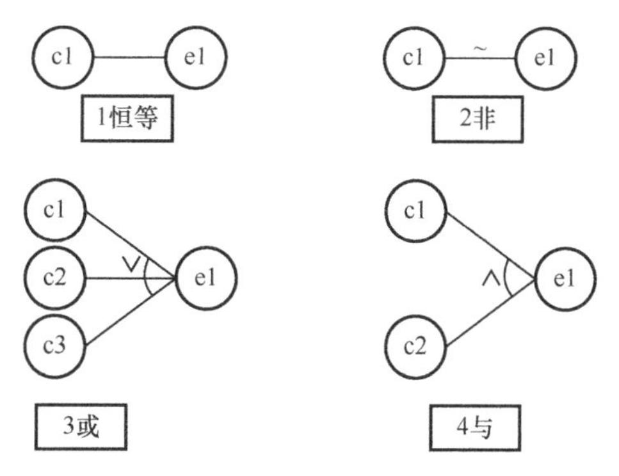

图3.7 因果图关系

具体解释如下：因果图中的4种基本关系。

左结点ci表示输入状态（或称原因）。

右结点ei表示输出状态（或称结果）。

ci与ei取值0或1，0表示某状态不出现，1则表示某状态出现。

- 恒等：若c1是1，则e1也为1，否则e1为0。
- 非：若c1是1，则e1为0，否则e1为1。
- 或：若c1或c2或c3是1，则e1为1，否则e1为0。
- 与：若c1和c2都是1，则e1为1，否则e1为0。

（2）约束。输入状态相互之间还可能存在某些依赖关系，称为约束。例如，某些输入条件本身不可能同时出现。输出状态之间也往往存在约束。在因果图中，用特定的符号标明这些约束。对于输入条件之间的约束有E（Exclusive or）、I（In）、O（Only）、R（Request）四种约束，对于输出条件的约束只有M（Mandate）约束，如图3.8所示。

① 原因与原因之间的约束。

- E约束（异）：输入a和b中最多有一个可能为1，即a和b不能同时为1。
- I约束（或）：输入a、b、c中至少有一个必须为1，即 a、b、c不能同时为0。

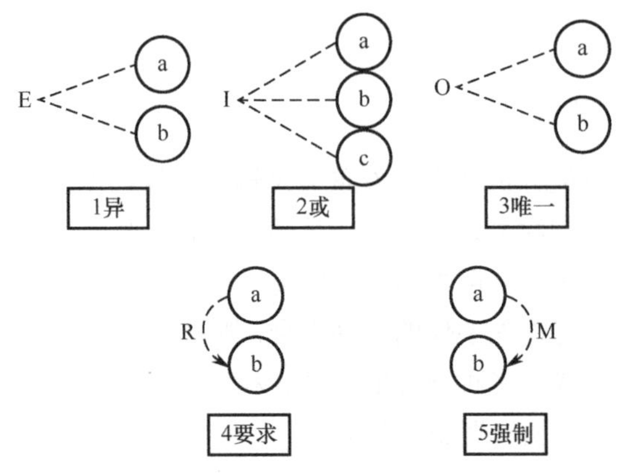

图 3.8　因果图约束

- O 约束（唯一）：输入 a 和 b 必须有一个且仅有一个为 1。
- R 约束（要求）：输入 a 是 1 时，输入 b 必须是 1，即 a 为 1 时，b 不能为 0。

② 结果与结果之间的约束。

M 约束（强制）：若结果 a 为 1，则结果 b 强制为 0。

4．采用因果图法设计测试用例的步骤

（1）分析软件规格说明描述中，哪些是原因（即输入条件或输入条件的等价类），哪些是结果（即输出条件），并给每个原因和结果赋一个标识符。

（2）分析软件规格说明描述中的语义，找出原因与结果之间、原因与原因之间对应的关系，根据这些关系画出因果图。

（3）由于语法或环境限制，有些原因与原因之间、原因与结果之间的组合情况不可能出现，为表明这些特殊情况，在因果图上用一些记号表明约束或限制条件。

（4）把因果图转换为判定表。

（5）把判定表的每一列拿出来作为依据，设计测试用例。

3.5.2　因果图法的测试运用

【例 3-10】软件规格说明问题的因果图测试。

某软件的规格说明要求：第一列字符必须是#或*，第二列字符必须是一个数字，在此情况下进行文件的修改。但如果第一列字符不正确，则给出信息 L；如果第二列字符不是数字，则给出信息 M。

（1）分析原因和结果，如表 3.29 所示。

表 3.29　软件规格原因结果表

原因	结果
c1：第一个字符是#	e1：给出信息 L
c2：第一个字符是*	e2：修改文件
c3：第二个字符是一个数字	e3：给出信息 M

注：这里设计一个编号为 10 的中间结点，是导出结果的进一步原因，此题中表示第一列字符是#或是*。

（2）画出因果图。将原因和结果用上面描述的逻辑符号连接起来，并添加关系，得到的因果图如图 3.9 所示。

（3）添加约束。因为原因 c1 和 c2 不可能同时为 1，意思是第一个字符不可能既是#又是*，所以在因果图上可以添加 E 约束，如图 3.10 所示。

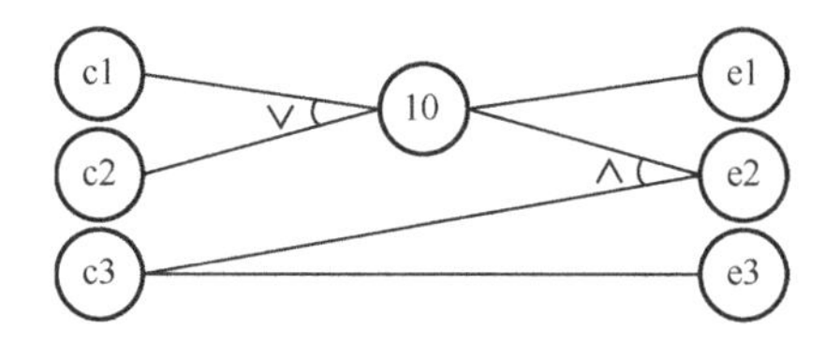

图 3.9　软件规格因果图 1

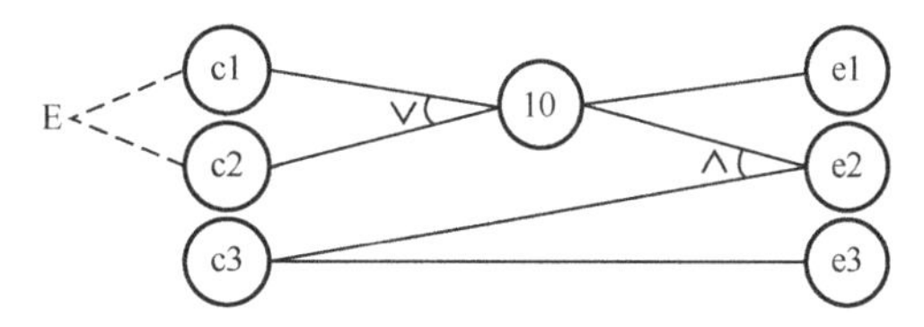

图 3.10　软件规格因果图 2

（4）将因果图转换为决策表，如表 3.30 所示。

表 3.30　软件规格决策表

取值＼规则		1	2	3	4	5	6	7	8
条件	c1	1	1	1	1	0	0	0	0
	c2	1	1	0	0	1	1	0	0
	c3	1	0	1	0	1	0	1	0
	10			1	1	1	1	0	0
动作	e1							√	√
	e2			√		√			
	e3				√		√		√
	不可能	√	√						

（5）根据决策表中，每一条规则设计一条测试用例。

排除不可能情况，可设计出 6 条测试用例，如表 3.31 所示。

表 3.31　软件规格测试用例表

测试用例	输入数据	预期结果
TC1	#3	修改文件
TC2	#A	给出信息 M
TC3	*6	修改文件
TC4	*B	给出信息 M
TC5	A1	给出信息 N
TC6	GT	给出信息 N 和给出信息 M

【例 3-11】自动售货机问题的因果图测试。

描述：有一个处理单价为 1 元 5 角的盒装饮料的自动售货机软件。若投入 1 元 5 角硬币，按下“可乐”、“雪碧”、“红茶”按钮，相应的饮料就送出来。若投入的是 2 元硬币，在送出饮料的同时退还 5 角硬币。

（1）分析原因和结果。

① 原因。

- c1：投入 1 元 5 角硬币。
- c2：投入 2 元硬币。
- c3：按“可乐”按钮。
- c4：按“雪碧”按钮。
- c5：按“红茶”按钮。

② 中间状态。

- 11：已投币。
- 12：已按钮。

③ 结果。

- e1：退还 5 角硬币。
- e2：送出“可乐”饮料。
- e3：送出“雪碧”饮料。
- e4：送出“红茶”饮料。

（2）画出因果图。

（3）添加约束，如图 3.11 所示。

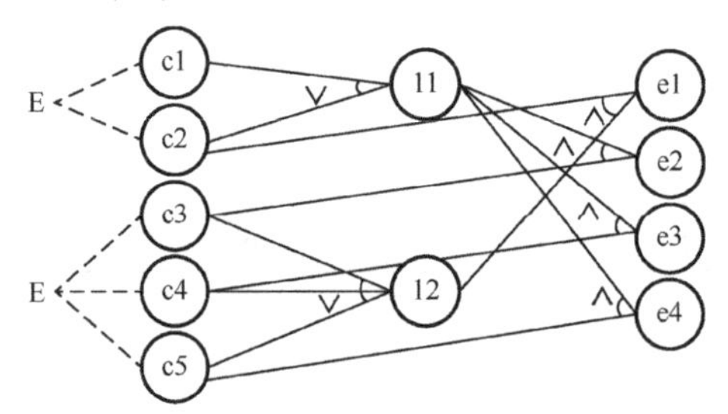

图 3.11　自动售货机因果图

（4）将因果图转换为决策表。

根据约束和关系去除了不可能存在的情况：c1 和 c2 不能同时为 1，c3、c4 和 c5 不能同时为 1。既不按按钮也不投币，没有意义的情况也一并去除，如表 3.32 所示。

表 3.32　自动售货机决策表

取值 \ 规则		1	2	3	4	5	6	7	8	9	10	11
条件	c1：投入 1 元 5 角硬币	1	1	1	1	0	0	0	0	0	0	0
	c2：投入 2 元硬币	0	0	0	0	1	1	1	1	0	0	0
	c3：按“可乐”按钮	1	0	0	0	1	0	0	0	1	0	0
	c4：按“雪碧”按钮	0	1	0	0	0	1	0	0	0	1	0
	c5：按“红茶”按钮	0	0	1	0	0	0	1	0	0	0	1
中间结点	11：已投币	1	1	1	1	1	1	1	1	0	0	0
	12：已按钮	1	1	1	0	1	1	1	0	1	1	1
动作	e1：退还 5 角硬币					√	√	√				
	e2：送出“可乐”饮料	√				√						
	e3：送出“雪碧”饮料		√				√					
	e4：送出“红茶”饮料			√				√				

（5）设计测试用例，如表3.33所示。

表3.33 自动售货机测试用例表

测试用例	输入数据	预期结果
TC1	投入1元5角硬币，同时按“可乐”按钮	送出“可乐”饮料
TC2	投入1元5角硬币，同时按“雪碧”按钮	送出“雪碧”饮料
TC3	投入1元5角硬币，同时按“红茶”按钮	送出“红茶”饮料
TC4	投入2元硬币，同时按“可乐”按钮	退还5角硬币，同时送出“可乐”饮料
TC5	投入2元硬币，同时按“雪碧”按钮	退还5角硬币，同时送出“雪碧”饮料
TC6	投入2元硬币，同时按“红茶”按钮	退还5角硬币，同时送出“红茶”饮料

3.6 案例分析

这里通过一个综合案例充分了解黑盒测试方法的使用。

3.6.1 学习目标

（1）掌握黑盒测试的各种测试方法。
（2）在实际案例中综合运用黑盒测试方法。

3.6.2 案例要求

对用户注册如图3.12所示的界面实施黑盒测试。异常提示说明界面如图3.13所示。

图3.12 注册界面

图 3.13　异常提示说明界面

具体说明如表 3.34 所示（前 4 个控件有红色星号，均不能为空）。

表 3.34　用户注册界面功能和异常表

控件	功能说明	异常处理
Text1	电子邮箱	您填写的邮件地址不正确！
Text2	设置密码	密码长度必须为 6～32 位！
Text3	确认密码	两次输入的密码不一致！
Text4	昵称	长度为 2～16 位，支持中英文、数字、下画线或中线
Test5	验证码	验证码输入错误
Button1	“立即注册”按钮	—

3.6.3　案例实施

根据上述描述，该页面有 5 个文本框、一个按钮，功能比较简单，直接设计用例即可，各个输入项之间不存在依赖关系，不需使用决策表或因果图法。具体分析如下。

1. 电子邮箱

RQ1：确保电子邮件地址含有符号“@”。
RQ2：确保符号“@”只出现一次。
RQ3：检查符号“.”。
RQ4：符号“@”、“_”不能出现在电子邮件地址的开头。
测试用例表如表 3.35 所示。

表 3.35　电子邮箱测试用例表

测试 ID	测试名称	目标	输入	预期输出
1	电子邮箱	有效输入	123@qq.com	
2		无效输入	空	邮件地址不能为空！
3			123@qq.com	这个邮件地址已经存在了！
4			123.qq.com	您填写的邮件地址不正确！
5			12@3@qq.com	
6			123@@qq.com	

（续表）

测试 ID	测试名称	目标	输入	预期输出
7			123@qq.com	
8			@123@qq.com	
9			_123@qq.com	

2. 设置密码

设置密码是一个范围：长度只能输入 6～32 位，可以考虑用等价类、边界值设计测试用例，长度设置为：5、6、7、15、31、32、33，如表 3.36 所示。

表 3.36　设置密码测试用例表

测试 ID	测试名称	目标	输入	预期输出
1	设置密码	有效输入	12345678	✔
2		无效输入	空	密码不能为空！
3		无效输入	12345	密码长度必须为 6～32 位！
4		有效输入	123456	✔
5		有效输入	1234567	
6		有效输入	1234567890abcdf	
7		有效输入	1234567890abcdfghijkl mnopqrstu	
8		有效输入	1234567890abcdfghijkl mnopqrstuv	
9		无效输入	1234567890abcdfghijkl mnopqrstuvw	密码长度必须为 6～32 位！

3. 确认密码

确认密码的测试用例设计比较简单，只有和密码设置相同、不同、为空三种情况。

4. 昵称

昵称要求长度为 2～16 位，支持中英文、数字、下画线或中线，可以综合等价类和边界值设计测试用例。有效等价类就是长度为 2～16 位，支持中英文、数字、下画线或中线，再针对有效等价类进行边界值的分析，可以选择 2、3、8、15、16，考虑到这里的处理逻辑比较简单，只选择 2、16 的长度，以减少测试用例的数量。无效等价类就是空、<2、>16、非中英文、数字、下画线或中线组成，具体如表 3.37 所示。

表 3.37　昵称测试用例表

测试 ID	测试名称	目标	输入	预期输出
1	昵称	有效输入	Study_1314	✔
2		有效输入	22	
3		有效输入	1616161616161616	

（续表）

测试 ID	测试名称	目标	输入	预期输出
4		无效输入	1	昵称长度必须为 2～16 位！
5		无效输入	17171717171717171	
6		无效输入	@#￥%……&	
9		无效输入	空	昵称不能为空！

5．验证码

验证码的测试用例只有输入正确、输入错误、为空三种情况。

综合根据以上分析，最终测试用例表如表 3.38 所示。

表 3.38　用户注册页面测试用例表

测试用例编号	输入					操作	预期输出
	电子邮箱	设置密码	确认密码	昵称	验证码		
Test1	123@qq.com	1234567	1234567	Study_1314	3n6m6	单击文本框之外的任何地方或者单击“立即注册”按钮	注册成功
Test2	空						邮件地址不能为空！
Test3	123@qq.com						这个邮件地址已经存在！
Test4	123.qq.com						您填写的邮件地址不正确！
Test5	12@3@qq.com						
Test6	123@@qq.com						
Test7	123@qq.com						
Test8	@123@qq.com						
Test9	_123@qq.com						
Test10	123@qq.com	空					密码不能为空！
Test11	123@qq.com	12345					密码长度必须为 6～32 位！
Test12	123@qq.com	123456					邮箱和密码输入正确
Test13	123@qq.com	1234567					
Test14	123@qq.com	1234567890abcdf					
Test15	123@qq.com	1234567890abcdfghijklmnopqrstu					
Test16	123@qq.com	1234567890abcdfghijklmnopqrstuv					

（续表）

测试用例编号	输入					操作	预期输出
	电子邮箱	设置密码	确认密码	昵称	验证码		
Test17	123@qq.com	1234567890abcdfghijklmnopqrstuvw					密码长度必须为6～32位！
Test18	123@qq.com	1234567	空				两次输入的密码不一致！
Test19	123@qq.com	1234567	123				两次输入的密码不一致！
Test20	123@qq.com	1234567	1234567	1			昵称长度必须为2～16位！
Test21	123@qq.com	1234567	1234567	17171717171717171			
Test22	123@qq.com	1234567	1234567	@#￥%……&			
Test23	123@qq.com	1234567	1234567	空			昵称不能为空！
Test24	123@qq.com	1234567	1234567	Study_1314	空		验证码输入错误！
Test25	123@qq.com	1234567	1234567	Study_1314	1111		验证码输入错误！

3.6.4 案例总结

在实际的项目中，应根据实际情况综合应用黑盒测试方法，设计测试用例。

习题与思考

一、选择题

1. 不属于功能测试方法的是_____。
A. 等价类划分　　B. 边界分析法　　C. 决策表测试　　D. 路径测试
2. 由因果图转换出来的_____确定测试用例的基础。
A. 判定表　　B. 约束条件表　　C. 输入状态表　　D. 输出状态表
3. 软件测试是软件质量保证的重要手段，_____是软件测试的最基础环节。
A. 功能测试　　B. 单元测试　　C. 结构测试　　D. 验收测试
4. 针对是否对无效数据进行测试，可将等价类测试分为_______。
① 一般等价类测试　② 健壮等价类测试　③ 弱等价类测试　④ 强等价类测试
A. ③④　　B. ①②　　C. ①③　　D. ②④
5. 关于白盒测试与黑盒测试最主要区别，正确的是_____。

A．白盒测试侧重于程序结构，黑盒测试侧重于功能

B．白盒测试可以使用测试工具，黑盒测试不能使用工具

C．白盒测试需要程序参与，黑盒测试不需要

D．白盒测试比黑盒测试的应用更广泛

二、填空题

1．黑盒测试是________测试，用黑盒技术设计测试用例有 4 种方法：________、________、________、错误推测。

2．边界值分析是将测试 ________情况作为重点目标，选取正好等于、刚刚大于或刚刚小于边界值的测试数据。如果输入或输出域是一个有序集合，则应选取集合的________元素和________元素作为测试用例。

3．因果图的基本原理是通过画________图，把用自然语言描述的功能说明转换为________，最后为判定表每一列设计一个测试用例。

4．等价类分为两种：________和________。

5．对于一个 *n* 变量的函数，健壮性边界值测试产生的测试用例个数为________。

三、简答题

1．变量的命名规则一般规定如下：变量名的长度不多于 40 个字符，第一个字符必须为英文字母，其他字母可以英文字母、数字以及下画线的任意组合。请用等价分类法设计测试用例。

2．二元函数 f(x,y)，其中 x∈[1,12]，y∈[1,31]。请写出该函数采用基本边界值分析法设计的测试用例。

3．某公司人事软件的工资计算模块的需求规格说明书中描述如下：

（1）年薪制员工：严重过失，扣当月薪资的 4%；过失，扣年终奖的 2%。

（2）非年薪制员工：严重过失，扣当月薪资的 8%；过失，扣当月薪资的 4%。给出决策表并写出测试用例。

4．航空服务查询问题：根据航线、舱位、飞行时间查询航空服务。

假设一个中国的航空公司规定：

（1）中国至欧美航线的所有座位都有食物供应，每个座位都可以播放电影。

（2）中国至非欧美航线的所有座位都有食物供应，只有商务舱可以播放电影。

（3）中国国内航班的商务舱有食物供应，但是不可以播放电影。

（4）中国国内航班的经济舱的飞行时间在 2h 以上的就有食物供应，但是不可以播放电影。

请用决策表法设计测试用例。

第4章 白盒测试

白盒测试又称结构测试、逻辑驱动测试或基于代码的测试，是一种测试用例的设计方法。白盒测试把测试对象看成一个透明的盒子，测试人员清楚盒子内部的东西及其动作过程，即测试对象对测试人员来说是可视的，如图4.1所示。

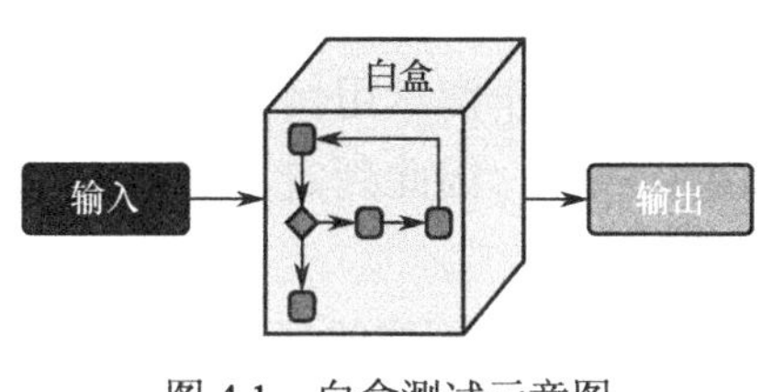

图4.1　白盒测试示意图

白盒测试与程序的内部结构相关，需要利用程序结构的实现细节等知识，才能有效地进行测试用例的设计工作。所以，在使用这一测试方案时，测试者必须检查程序的内部结构，然后根据程序的内部逻辑结构及相关信息来设计和选择测试用例，以此检查软件内部的逻辑结构，并通过在程序中设立检查点来检查程序的状态，以确定实际运行状态与预期状态是否一致，从而提高代码质量。

白盒测试检查程序内部逻辑结构，对所有逻辑路径进行测试，是一种穷举路径的测试方法。由于贯穿程序的独立路径数可能是天文数字，导致完全的路径测试工作量可能会较大，所以在本章中除了介绍路径测试外，还介绍了实际中会用到的各种覆盖测试，它们都属于白盒测试的范畴。

4.1　白盒测试的原则

采用白盒测试方法必须遵循以下几条原则，才能达到测试目的。

（1）保证一个模块中的所有独立路径至少被使用一次。

（2）对所有逻辑值均需测试true和false两种情况。

（3）在上、下边界及可操作范围内运行所有循环。

（4）检查程序的内部数据结构，以确保其有效性。

白盒测试作为测试人员常用的一种测试方法，越来越受到测试工程师的重视。在实际应用中，需要根据不同的测试需求，结合不同的测试对象，使用适合的方法进行测试。因为对于不同复杂度的代码逻辑，可以衍生出许多执行路径，只有适当的测试方法才能帮助我们设计出合适的测试用例。白盒测试是针对程序代码展开的测试，需要测试人员了解程序实现的细节。白盒测试一般由开发小组内部来完成，主要运用在单元测试、集成测试等阶段。

4.2 覆盖测试

覆盖测试，即逻辑覆盖测试，是以程序内部的逻辑结构为基础来设计测试用例的技术。它是白盒测试中的一种。白盒测试法的覆盖标准有逻辑覆盖、循环覆盖和基本路径测试。

在逻辑覆盖测试中，根据覆盖目标的不同和覆盖源程序语句的详尽程度差异，逻辑覆盖可分为以下几种。

（1）语句覆盖：设计足够的测试用例运行被测程序，使得程序中每一条可执行语句至少执行一次。语句覆盖是很弱的逻辑覆盖。

（2）判定覆盖：比语句覆盖稍强的逻辑覆盖，它通过设计若干测试用例运行被测程序，使得程序中的每个判定的取真分支和取假分支至少运行一次，因此判定覆盖又称为分支覆盖。

（3）条件覆盖：在程序中，一个判定语句经常是由多个条件组合而成的复合判定。为了更彻底地实现逻辑覆盖，可以采用条件覆盖的标准。条件覆盖的含义是：构造一组测试用例，使得每一判定语句中每个逻辑条件的可能值至少满足一次。

（4）判定/条件覆盖：判定/条件覆盖满足判定覆盖和条件覆盖的准则，它通过设计足够多的测试用例，使得判定中的每个条件的所有可能（真/假）至少出现一次，并且每个判定的判定结果（真/假）也至少出现一次，其逻辑覆盖比上述覆盖都强。

（5）条件组合覆盖：比判定/条件覆盖更强的覆盖，它通过设计足够多的测试用例，使得每个判定中条件的各种可能组合都至少出现一次。

为了更详尽地说明各种覆盖，接下来引入一段简单的程序示例代码，通过用上述五种覆盖设计的测试用例，阐述五种覆盖测试的核心思想及优缺点。

【例】 实现一个简单的数学运算，源代码片段如下：

```
int a,b;
double c;
if (a>0 && b>0)  c=c/a;
if (a>1|| c>1)  c=c+1;
c=b+c;
```

上面代码的程序流程图如图 4.2（a）所示，为了方便说明，将其简化成了图 4.2（b），并标明了路径号。

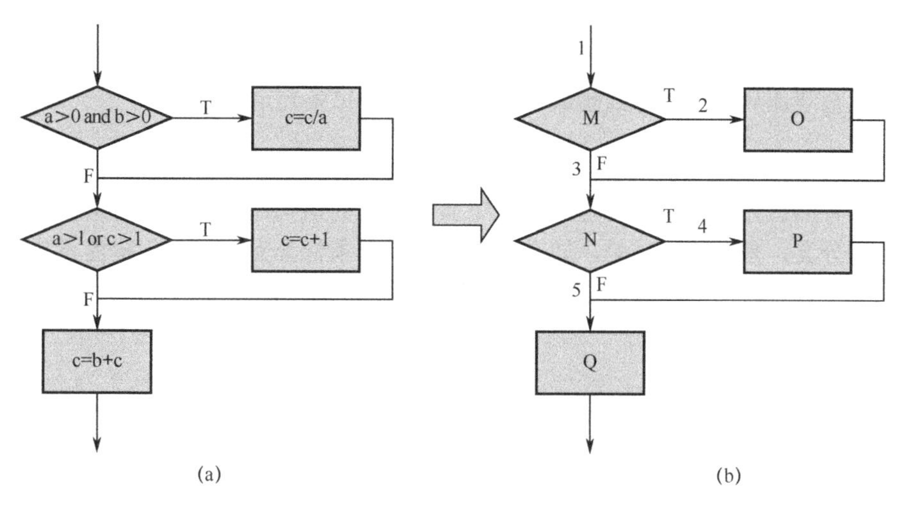

图 4.2　示例代码的程序流程图

从流程图 4-2（b）可看出，该程序片段有以下 4 条不同的路径。

P1：(1-2-4)　　　P2：(1-2-5)

P3：(1-3-4)　　　P4：(1-3-5)

其中，判定条件和语句分别如下。

条件：M=｛a>0 and b>0｝　　N=｛a>1or c>1｝

语句：O={c=c/a}　　P={c=c+1}　　Q={c=b+c}

因此，4 条路径的执行条件和语句序列分别如下。

P1：（1-2-4）＝{M and N}→ (O,P,Q)

P2：（1-2-5）＝{~M and N}→(P,Q)

P3：（1-3-4）＝{M and ~N}→(O,Q)

P4：（1-3-5）＝{~M and ~N}→(Q)

4.2.1　语句覆盖

（1）基本思想。

语句覆盖的基本思想是：设计若干测试用例，运行被测程序，使得程序中每一条可执行语句至少执行一次。这里的“若干”，意味着使用测试用例越少越好。

在例 4-1 中，路径 P1 包含了所有可执行语句，按照语句覆盖的测试用例设计原则，可以使用 P1 来设计测试用例，如表 4.1 所示。

表 4.1　语句覆盖测试用例设计表

测试用例	M 的取值	N 的取值	语句序列	覆盖路径
输入：a=2，b=1，c=6 输出：a=2，b=1，c=5	T	T	O→P→Q	P1（1-2-4）

（2）优点。

可以很直观地从源代码得到测试用例，无须细分每条判定表达式。

（3）缺点。

由于这种测试方法仅仅针对程序逻辑中显式存在的语句，对于隐藏的条件和可能到达的隐式逻辑分支，是无法测试的，如在循环结构嵌套条件分支中，语句覆盖只执行其中某一个条件分支。所以，语句覆盖对于多分支的逻辑运算是无法全面反映的，它只在乎运行一次，而不考虑其他情况。

（4）语句覆盖率。

语句覆盖率是衡量语句覆盖标准的指标，其计算公式为：

$$\text{语句覆盖率}=\frac{\text{被覆盖到的语句数量}}{\text{可执行的语句总数}}\times 100\%$$

4.2.2 判定覆盖

（1）基本思想。

判定覆盖的基本思想是：设计若干测试用例运行被测程序，使得每个判定的取真分支和取假分支至少覆盖一次，即判定的真假值均曾被覆盖。

按照上述基本思想，例 4-1 中根据 P1 和 P4，或者 P2 和 P3 设计的测试用例可满足判定覆盖，其用例设计表如表 4.2 和表 4.3 所示。

表 4.2 判定覆盖测试用例设计表（1）

测试用例	判定 M 的取值	判定 N 的取值	覆盖路径
输入：a=2，b=−1，c=6 输出：a=2，b=−1，c=5	T	T	P1（1-2-4）
输入：a=−1，b=−2，c=−3 输出：a=−1，b=−2，c=−5	F	F	P4（1-3-5）

表 4.3 判定覆盖测试用例设计表（2）

测试用例	判定 M 的取值	判定 N 的取值	覆盖路径
输入：a=1，b=1，c=−3 输出：a=1，b=1，c=−2	T	F	P2（1-2-5）
输入：a=−1，b=2，c=3 输出：a=−1，b=2，c=	F	T	P3（1-3-4）

（2）优点。

从测试用例可看出，判定覆盖比语句覆盖要多近 1 倍的测试路径，当然也就具有比语句覆盖更强的测试能力。同样，判定覆盖也具有和语句覆盖一样的简单性，无须细分每个判定就可以得到测试用例。

（3）缺点。

判定覆盖虽然把程序所有分支均覆盖到了，但它主要对整个表达式最终取值进行度量，忽略了表达式内部的取值。往往大部分的判定语句是由多个逻辑条件组合而成（如判定语句中包含 AND、OR、CASE 等）的，若仅仅凑数其整个最终结果，而忽略每个条件的取值情况，则必然会遗漏部分测试路径。

（4）判定覆盖率。

判定覆盖率是衡量语句覆盖标准的指标，其计算公式为：

$$\text{判定路径覆盖率}=\frac{\text{被覆盖到的判定路径数量}}{\text{判定路径的总数}}\times 100\%$$

4.2.3　条件覆盖

（1）基本思想。

条件覆盖的基本思想是：设计足够多的测试用例，运行被测试程序，使得每一判定语句中每个逻辑条件的可能取值至少满足一次。

在例 4-1 中，对各个判定条件分解如下。

对于 M：

- a>0 取真时记为 T1，取假时记为 F1；
- b>0 取真时记为 T2，取假时记为 F2。

对于 N：

- a>1 取真时记为 T3，取假时记为 F3；
- c>1 取真时记为 T4，取假时记为 F4。

根据条件覆盖的基本思想，我们设计的测试用例就是要把 T1、T2、T3、T4、F1、F2、F3、F4 这 8 个条件取值都覆盖到。条件覆盖测试用例设计表如表 4.4 所示。

表 4.4　条件覆盖测试用例设计表

测试用例	条件取值	具体取值条件	覆盖路径
输入：a=2，b=−1，c=−2 输出：a=2，b=−1，c=−3	T1，F2，T3，F4	a>0，b<=0，a>1，c<=1	P3（1-3-4）
输入：a=−1，b=2，c=3 输出：a=−1，b=2，c=6	F1，T2，F3，T4	A<=0，b>0，a<=1，c>1	P3（1-3-4）

以上例子要涵盖所有的条件，并保证每个条件的真假取值都能满足的测试用例设计还有几种，请自己动手设计其他的测试用例。

（2）优点。

条件覆盖比判定覆盖增加了对符合判定条件情况的测试。

（3）缺点。

要达到条件覆盖，需要足够多的测试用例。但因为只考虑每个判定语句中的每个条件表达式，没有考虑各个条件分支（或者涉及不到全部分支），所以不能保证判定覆盖。

（4）条件覆盖率。

条件覆盖率是衡量条件覆盖标准的指标，其计算公式为：

$$\text{条件覆盖率}=\frac{\text{被覆盖到的条件取值的数量}}{\text{条件取值的总数}}\times 100\%$$

4.2.4 判定/条件覆盖

（1）基本思想。

在表 4.4 中条件覆盖的两组数据，并不满足判定覆盖的要求。这个问题可采用判定/条件覆盖来解决。

判定/条件覆盖的基本思想是：设计足够多的测试用例，使得判定中的每个条件的所有可能（真/假）至少出现一次，并且每个判定本身的判定结果也至少出现一次。

按照上述基本思想，应该至少保证判定 M 和 N 取真假各一次，同时保证 T1、T2、T3、T4、F1、F2、F3、F4 这 8 个条件取值至少执行一次。测试用例设计表如表 4.5 所示。

表 4.5　判定/条件覆盖测试用例设计表

测试用例	M 取值	N 取值	条件取值	具体取值条件	覆盖路径
输入：a=2，b=1，c=6 输出：a=2，b=1，c=5	T	F	T1，T2，T3，T4	a>0，b>0，a>1，c>1	P1（1-2-4）
输入：a= −1，b= −2，c= −3 输出：a= −1，b= −2，c= −5	F	T	F1，F2，F3，F4	a<=0，b<=0，a<=1，c<=1	P4（1-3-5）

（2）优点。

判定/条件覆盖满足判定覆盖和条件覆盖准则，弥补了二者的不足。

（3）缺点。

判定/条件覆盖未考虑判定的各条件组合情况。

（4）判定/条件覆盖率。

判定/条件覆盖率是衡量判定/条件覆盖标准的指标，其计算公式为：

$$\text{判定/条件覆盖率}=\frac{\text{被覆盖到的判定分支和条件取值的数量}}{\text{（判定分支的总数+条件取值的总数）}}\times 100\%$$

4.2.5 条件组合覆盖

（1）基本思想。

条件组合覆盖，也称多条件覆盖，指设计足够多的测试用例，使得每个判定中条件的各种可能组合都至少出现一次。

条件组合覆盖包含了“分支覆盖”和“条件覆盖”的各种要求。满足条件覆盖一定满足判定覆盖、条件覆盖、判定条件覆盖。

按照条件组合覆盖的基本思想，例 4-1 的条件组合表如表 4.6 所示。

表 4.6　条件组合表

编号	覆盖条件组合	判定取值分支	具体条件
1	T1,T2	M	a>0, b>0
2	T1,F2	~M	a>0, b<=0
3	F1,T2	~M	a<=0, b>0
4	F1,F2	~M	a<=0, b<=0
5	T3,T4	N	a>1, c>1
6	T3,F4	N	a>1, c<=1
7	F3,T4	N	a<=1, c>1
8	F3,F4	~N	a<=1, c<=1

从上表可看出，判定 M 的两个条件有 4 种组合，判定 N 的两个条件也有 4 种组合。根据以上 8 种条件组合，设计所有能覆盖这些组合的测试用例，如表 4.7 所示。

表 4.7　条件组合覆盖测试用例设计表

测试用例	覆盖条件取值	覆盖路径	覆盖组合编号
输入：a=2，b=1，c=6 输出：a=2，b=1，c=5	T1，T2，T3，T4	P1（1-2-4）	1，5
输入：a=2，b=-2，c=-2 输出：a=2，b=-2，c=-3	T1，F2，T3，F4	P3（1-3-4）	2，6
输入：a=-1，b=2，c=3 输出：a=-1，b=2，c=6	F1，T2，F3，T4	P3（1-3-4）	3，7
输入：a=-1，b=-2，c=-3 输出：a=-1，b=-2，c=-5	F1，T2，F3，T4	P4（1-3-5）	4，8

（2）优点。

多重条件覆盖满足判定覆盖、条件覆盖和判定/条件覆盖。设计足够多的测试用例，使得判定中每个条件的所有可能结果至少出现一次，每个判定本身的所有可能结果也至少出现一次。

（3）缺点。

判定语句较多时，条件组合值比较多。

（4）条件组合覆盖率。

条件组合覆盖率是衡量条件组合覆盖标准的指标，其计算公式为：

$$条件组合覆盖率=\frac{被覆盖到的条件取值组合的数量}{条件取值组合的总数}\times 100\%$$

4.3　基本路径测试

从广义的角度讲，任何有关路径分析的测试都可以被称为路径测试。这里，我们给出路径测试最简单的描述：路径测试是指从一个程序的入口开始，执行所经历的各个语句的完整过程。

路径测试是白盒测试最为典型的问题，完成路径测试的理想情况是做到路径覆盖。

基本路径测试法是在程序控制流图的基础上，通过分析控制构造的环路复杂度，导出基本可执行路径集合，从而设计测试用例的方法。设计出的测试用例要保证在测试中程序的每个可执行语句至少执行一次。

基本路径测试方法包括画程序控制流图、计算程序的圈复杂度、导出独立路径、准备测试用例 4 个步骤。其中，程序控制流图是从程序的流程图简化而来的，在程序控制流图中只有以下两种图形符号。

- 结点：以标有编号的圆圈表示。它代表了程序流程图中矩形框表示的处理、菱形表示的两个到多个出口判断，以及两条到多条流线相交的汇合点。
- 控制流线或弧：以箭头表示。它与程序流程图中的流线是一致的，表明了控制的顺序。

根据程序流程图的常见结构，程序控制流图主要有如图 4.3 所示的几种形式。

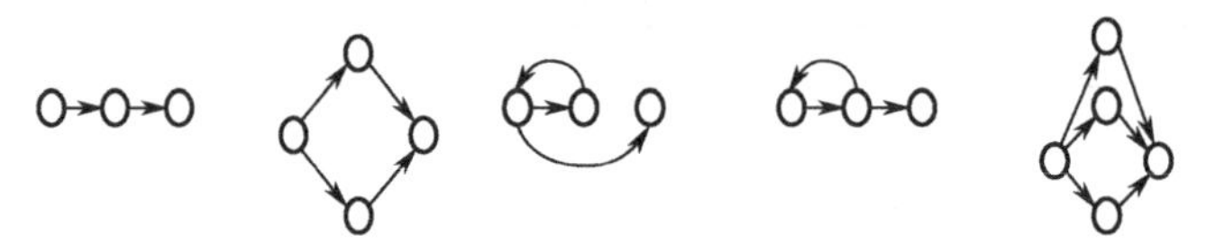

图 4.3　常见结构的控制流图

如图 4-4（a）所示的程序流程图对应的控制流图如图 4.4（b）所示。

需要注意的是：在选择或多分支结构中，分支的汇聚处应有一个汇聚结点。边和结点圈定的区域称为区域，当对区域计数时，图形外的区域也应记为一个区域。有的时候，我们可以把几个结点合并成一个，合并的原则是：若在一个结点序列中没有分支，则我们可以把这个序列的结点都合并成一个结点。

另外，如果判定中的条件表达式是由一个或多个逻辑运算符（OR、AND、NOR）连接的复合表达式，则需要改为一系列只有单条件的嵌套的判断，如图 4.5 中的代码片段及其对应的控制流图。

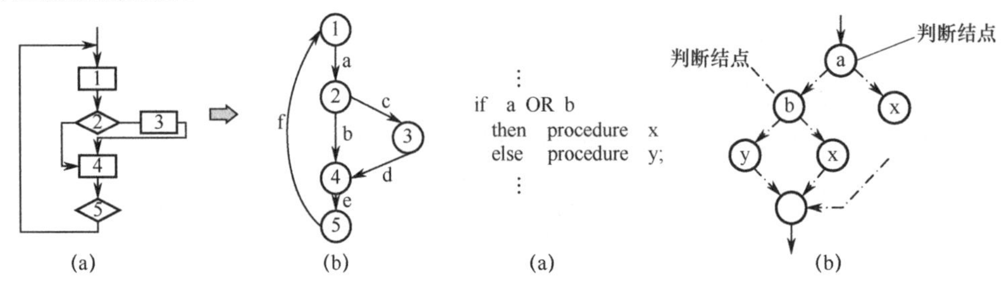

图 4.4　程序流程图和控制流图　　图 4.5　多条件组合程序片段及其控制流

下面通过如例 4-2 所示的程序片段来详细介绍如何通过上述几个步骤导出路径和准备测试用例。

【例 4-2】　源程序片段如下：

```
1  main ()
2  {
3   int num1=0, num2=0, score=100;
4  int i;
5   char str;
6   scanf ("%d, %c\n", &i, &str);
7   while (i<5)
8   {
9      if (str='T')
10        num1++;
11     else if (str='F')
12     {
13       score=score-10;
14       num2 ++;
15      }
16     i++;
17  }
18  printf ("num1=%d, num2=%d, score=%d\n", num1, num2, score);
19  }
```

第一步：画程序控制流图。

根据上述源代码可以画出程序的流程图和控制流图，如图 4.6 所示。每个圆圈代表控制流图的结点，可以表示一个或多个语句，圆圈中的数字对应程序中某一行的编号，箭头代表边的方向，即控制流方向。

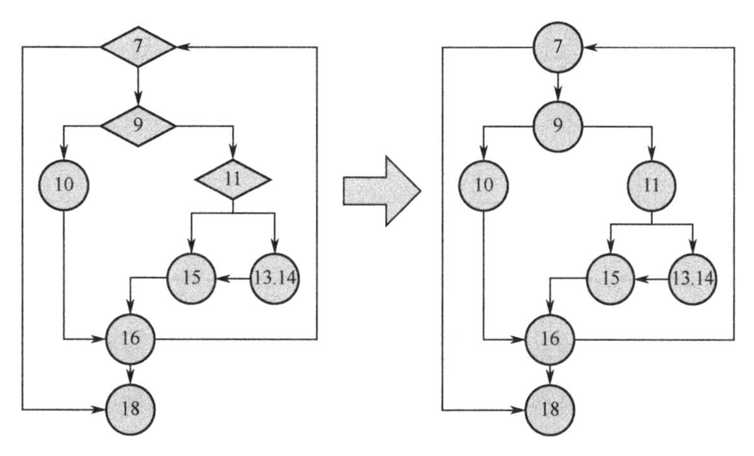

图 4.6　例 4-2 的程序流程图和控制流图

第二步：计算程序的圈复杂度。

圈复杂度也称为环路复杂度，是一种为程序逻辑复杂性提供定量测试的软件度量，将该度量用于计算程序的基本的独立路径数目，是作为确保所有语句至少执行一次的测试数量的上界。独立路径必须包含一条在定义之前不曾用到的边。计算圈复杂度的方法有以下常见的三种方式。

- V(G)=E-N+2，其中 E 是控制流图 G 中边的数量，N 是控制流图中结点的数目。
- V(G)=P+1，其中 P 是控制流图 G 中判断结点的数目。
- V(G)=A=流图中封闭区域的数量+1 个开放区域，其中 A 是控制流图 G 中总的区域数目。由边和结点围成的区域称为区域，当在控制流图中计算区域的数目时，控制流图外的区域也应记为一个区域。

对图 4-6 的控制流图，通过上述三种方式计算圈复杂度为：

公式 1：V(G)=10-8+2，其中 10 是控制流图中 G 边的数量，8 是控制流图中结点的数目。

公式 2：V(G)=3+1，其中 3 是控制流图 G 中判断结点的数目。

公式 3：V(G)=4，其中 4 是控制流图 G 中区域的数目。

因此，控制流图 G 的环形复杂度是 4，就是说至少需要 4 条独立路径组成基本路径集合，并由此得到能够覆盖所有程序语句的测试用例。

第三步：导出独立路径。

根据上面的计算得到的圈复杂度，可得出 4 条独立的路径。一条独立路径是指：和其他的独立路径相比，至少引入一个新处理语句或一个新判断的程序通路。

```
path1: 7->18
path2: 7->9->10->16->7->18
path3: 7->9->11->15->16->7->18
path4: 7->9->11->13->14->15->16->7->18
```

第四步：准备测试用例。

为了确保基本路径集中的每一条路径的执行，根据判断结点给出的条件，选择适当的数据以保证某一条路径可以被测试到，对于源程序中的循环体，测试用例中的输入数据尽量使其执行零次或一次。测试用例的设计如表 4.8 所示。

表 4.8 基本路径测试法测试用例设计表

测试用例编号	输入		期望输出			执行路径
	i	str	num1	num2	score	
case1	5	'T'	0	0	100	Path1
case2	4	'T'	1	0	100	Path2
case3	4	'A'	0	0	100	Path3
case4	4	'F'	0	1	90	Path4

由上可看出，白盒测试包括多种测试用例的设计方法，但实际中，不必将这些方法全部用在测试中，而应根据被测系统的实际情况分别选取合适的白盒测试策略。在选取测试数据时，需要注意的是：逻辑判定条件的“屏蔽”作用、输入条件的测试数据选取、边界值测试。

4.4 案例分析

下面通过具体的案例来加深对白盒测试的理解。

4.4.1　学习目标

（1）理解白盒测试的概念和主要技术。
（2）掌握常见的各种逻辑覆盖方法。

4.4.2　案例要求

用逻辑覆盖的测试方法对下面的 C 语言代码进行测试。代码的功能是：输入 3 个整数（a、b、c），分别作为三角形的 3 条边，通过程序判断这 3 条边能否构成三角形。如果能构成三角形，则判断三角形的类型（等边三角形、等腰三角形、一般三角形）。要求：输入的 3 个整数（a、b、c）取值范围为[1，200]。

代码如下：

```
void IsTri(int a, int b, int c){
1   if ((a+b<=c)|| (a+c<=b)|| (c+b<=a)){
2       printf("不能构成三角形");
3   } else {
4           If ((a==b)|| (a==c)|| (c==b)){
5               If ((a==b)&&(c==b)){
6                   Printf ("等边三角形");
7               } else{
8                   Printf("等腰三角形");
9                   }
10          }else{
11              Printf("一般三角形");
12          }
13      }
14 }
```

程序的逻辑结构直接影响了测试用例的设计，因此需要根据程序片段画出程序的流程图，再根据不同的覆盖指标进行测试用例的设计。其中，流程图及其简化流程图如图 4.7 所示。

由图 4.7 可看出，程序模块有 4 条执行路径及其执行条件：

路径 1（P1-P3）←— ～A and～B

路径 2（P1-P4-P5）←— ～A and B and～C

路径 3（P1-P4-P6）←— ～A and B and C

路径 4（P2）←— A

其 3 个判定条件具体为：

- 判定 A: {(a+b<=c)|| (a+c<=b)|| (c+b<=a)}
- 判定 B: {(a==b)|| (a==c)|| (c==b)}
- 判定 C: {(a==b)&&(c==b)}

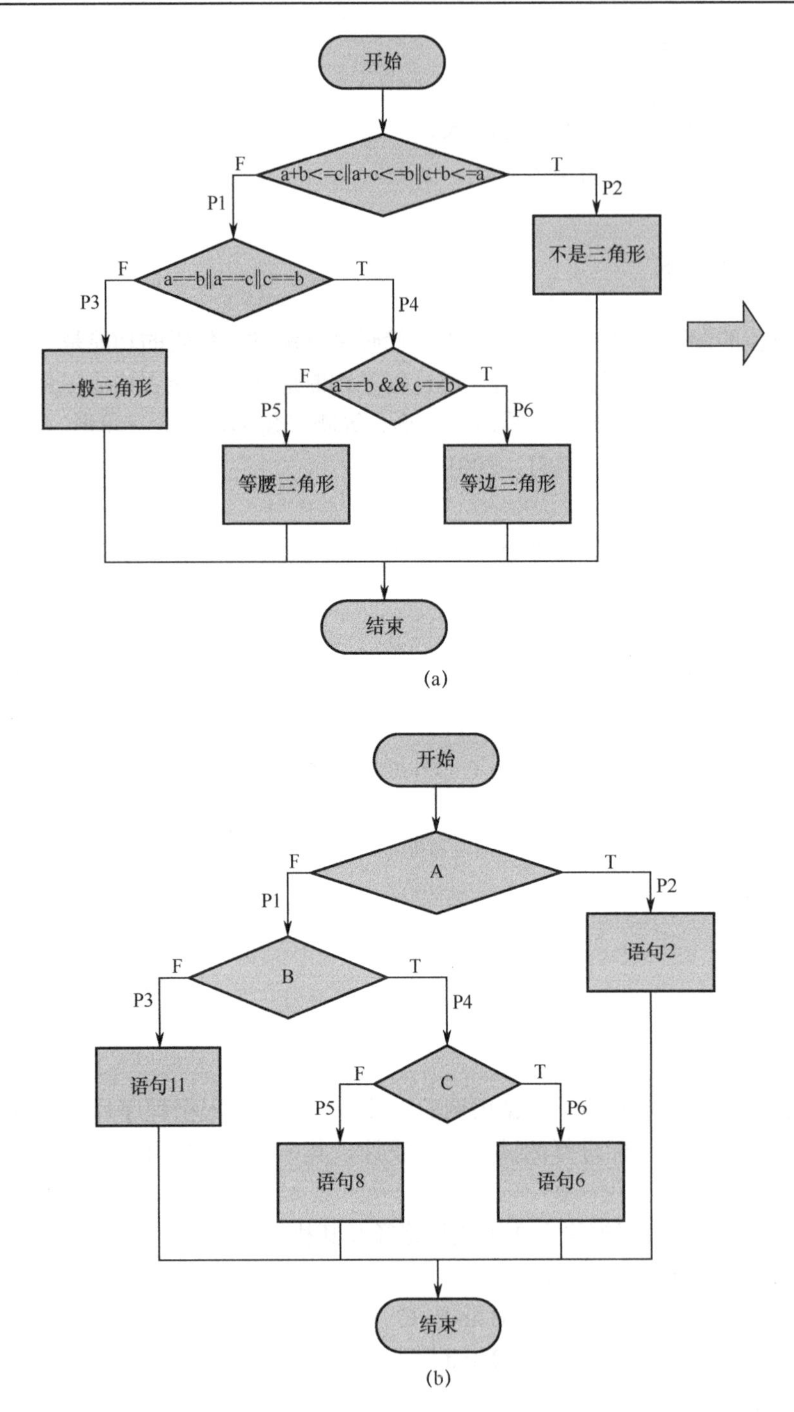

图 4.7　案例的程序流程图

归纳出判定的 6 个条件：

- 条件 1：a+b<=c
- 条件 2：a+c<=b
- 条件 3：c+b<=a

- 条件 4：a==b
- 条件 5：a==c
- 条件 6：c==b

4.4.3 案例实施

分别通过语句覆盖、判定覆盖、条件覆盖、条件组合覆盖设计出如下测试用例。

（1）语句覆盖。

根据语句覆盖的思想，分析以上案例，设计测试用例如表 4.9 所示。

表 4.9 语句覆盖测试用例表

测试用例编号	输入			预期输出	通过路径	语句覆盖率
	a	b	c			
Case1	3	2	4	一般三角形	路径 1	100%
Case2	2	2	3	等腰三角形	路径 2	
Case3	2	2	2	等边三角形	路径 3	
Case4	1	2	4	非三角形	路径 4	

（2）判定覆盖。

根据判定覆盖的思想，上述案例就是三个判定 A、B、C 的取真和取假至少要覆盖一次。设计测试用例如表 4.10 所示。

表 4.10 判定覆盖测试用例表

测试用例编号	输入			预期输出	通过路径	判定覆盖率
	a	b	c			
Case1	3	2	4	一般三角形	路径 1	100%
Case2	2	2	3	等腰三角形	路径 2	
Case3	2	2	2	等边三角形	路径 3	
Case4	1	2	4	非三角形	路径 4	

（3）条件覆盖。

根据条件覆盖的思想，上述案例就是三个判定 A、B、C 的六个条件的取真和取假至少要覆盖一次。条件 1～条件 3 是互斥的，一个为真，其他两个必然为假，后面的条件 4～6 又取决于前 3 个条件均为假时才能执行。因此，得到如表 4.11 所示的 5 种条件组合。这 5 种组合满足条件覆盖的要求。

表 4.11 条件取值对判定的影响表

测试用例编号	条件 1	条件 2	条件 3	判定 A	条件 4	条件 5	条件 6	判定 B	判定 C	路径
1	T	F	F	T						路径 4
2	F	T	F	T						路径 4

（续表）

测试用例编号	条件 1	条件 2	条件 3	判定 A	条件 4	条件 5	条件 6	判定 B	判定 C	路径
3	F	F	T	T						路径 4
4	F	F	F	F	T	T	T	T	T	路径 3
5	F	F	F	F	F	F	F	F	F	路径 1

根据上表设计条件覆盖测试用例如下表 4.12 所示：

表 4.12　条件覆盖测试用例表

测试用例编号	输　入			预期输出	通过路径	条件覆盖率
	a	b	c			
Case4	1	2	4	非三角形	路径 4	100%
Case5	1	4	2	非三角形	路径 4	
Case6	4	1	2	非三角形	路径 4	
Case3	2	2	2	等边三角形	路径 3	
Case1	3	2	4	一般三角形	路径 1	

（4）条件组合覆盖。

根据条件组合的要求，我们需要覆盖条件 1～条件 3 的全组合 8 种，以及条件 4～条件 6 的全组合 8 种。根据案例可以分析出这些条件之间有很强的互斥关系，条件 1～条件 3 不可能仅有两个为真，条件 4～条件 6 也不可能出现一个为真一个为假的情况，删除其中不可能出现的情况，最终得到如表 4.13 所示的 8 种条件组合。

表 4.13　条件组合表

测试用例编号	条件 1	条件 2	条件 3	判定 A	条件 4	条件 5	条件 6	判定 B	判定 C	路径
1	T	F	F	T						路径 4
2	F	T	F	T						路径 4
3	F	F	T	T						路径 4
4	F	F	F	F	T	T	T	T	T	路径 3
5	F	F	F	F	F	F	F	F	F	路径 1
6	F	F	F	F	T	F	F	T	F	路径 2
7	F	F	F	F	F	T	F	T	F	路径 2
8	F	F	F	F	F	F	T	T	F	路径 2

根据上面的组合，设计测试用例如表 4.14 所示。

表 4.14　条件组合覆盖测试用例表

测试用例编号	输入			预期输出	通过路径	组合覆盖率
	a	b	c			
Case4	1	2	4	非三角形	路径 4	100%
Case5	1	4	2	非三角形	路径 4	

（续表）

测试用例编号	输入			预期输出	通过路径	组合覆盖率
	a	b	c			
Case6	4	1	2	非三角形	路径 4	100%
Case3	2	2	2	等边三角形	路径 3	
Case1	3	2	4	一般三角形	路径 1	
Case2	2	2	3	等腰三角形	路径 2	
Case7	3	2	2	等腰三角形	路径 2	
Case8	2	3	2	等腰三角形	路径 2	

4.4.4 案例总结

白盒测试着重于检查程序的内部，对所有程序逻辑结构进行测试。案例介绍了逻辑覆盖法在实际测试用例中的应用，通过观察分析，不难发现：满足条件组合覆盖的测试用例一定满足判定覆盖、条件覆盖及判定/条件覆盖。

在实际项目中最常见的是需求覆盖，其含义是通过设计一定的测试用例，要求每个需求点都被测试到。我们在案例中设计的测试用例，就覆盖了需求中的一般三角形、等腰三角形、等边三角形及非三角形。需求的覆盖率也为 100%。

习题与思考

一、填空题

1．白盒测试又称为______________，可以分为______________和______________两大类。

2．根据覆盖目标的不同，逻辑覆盖又可分为______________、______________、______________、______________、条件组合覆盖、判断/条件覆盖。

3．判定覆盖设计足够多的测试用例，使得被测试程序中的每个判断的“真”、“假”分支______被执行一次。

4．白盒法必须考虑程序的__________和__________，以检查____________的细节为基础，对程序中尽可能多的逻辑路径进行____________。

5．基本路径测试是在程序______________基础上，通过分析控制构造的____________复杂性，导出____________集合，从而设计测试用例。

二、选择题

1．下列哪一项不是白盒测试？____________。

A．单元测试　　B．集成测试　　C．系统测试　　D．回归测试

2．有一组测试用例使得每一个被测试用例的分支覆盖至少被执行一次，它满足的覆盖标准是____________。

A．语句覆盖　　B．判定覆盖　　C．条件覆盖　　D．路径覆盖

3．__________是设计足够多的测试用例，使得程序中每个判定所包含的每个条件的所有（真、假）情况至少出现一次，并且每个判定本身的判定结果也至少出现一次。

A．条件/判定覆盖　　B．组合覆盖　　C．判定覆盖　　D．条件覆盖

4．__________是最强的覆盖准则。

A．条件/判定覆盖　　B．组合覆盖　　C．判定覆盖　　D．路径覆盖

5．不属于白盒测试技术的是__________。

A．语句覆盖　　B．判定覆盖　　C．边界值分析　　D．基本路径测试

三、简答题

1．比较白盒测试和黑盒测试。

2．计算环路复杂度方法有哪三种？

3．为以下程序段设计一组测试用例，要求分别满足语句覆盖、判定覆盖、条件覆盖、判定/条件覆盖、条件组合覆盖、路径覆盖。

```
    void Test(int X,int A,int B)
{
if((A>2)&&(B=0))
X=X/A;
if((A=3)||(X>1))
X=X+1;
}
```

第 5 章 单元测试

单元测试应对模块内部所有重要的控制路径进行测试，以便发现模块内部的错误。单元测试是检查软件源程序的第一次机会，通过孤立地测试每个单元，确保每个单元工作正常，这样比把测试对象作为一个更大系统的一个部分更容易发现问题。在单元测试中，每个程序模块可以并行、独立地进行测试工作。

单元测试主要测试模块在语法、格式和逻辑上的错误。

通常而言，单元测试是在软件开发过程中要进行的最低级别的测试活动，或者说是针对软件设计的最小单位程序模块进行正确性检验的测试工作。其目的在于发现每个程序模块内部可能存在的差错。

5.1 单元测试的基本概念

在单元测试活动中，软件的独立单元将在与程序的其他部分相隔离的情况下进行测试。主要工作分为两个步骤：人工静态检查和动态执行跟踪。在介绍单元测试前，需要首先明白单元测试与集体测试、系统测试的区别。

1. 单元测试与集成测试的区别

- 测试的对象不同。单元测试对象是实现具体功能的单元，一般对应详细设计中所描述的设计单元。集成测试是针对概要设计所包含的模块以及模块组合进行的测试。
- 主要测试方法不同。单元测试所使用的是基于代码的白盒测试。而集成测试所使用的是基于功能的黑盒测试。
- 测试时间不同。集成测试要在所有要集成的模块都通过单元测试之后才能进行，所以在测试时间上，集成测试要晚于单元测试，而且单元测试的好坏直接影响着集成测试。
- 工作内容不同。单元测试的工作内容包括模块内程序的逻辑、功能、参数传递、变量引用、出错处理、需求和设计中有具体的要求等方面的测试。集成测试的工作内容主要是验证各个接口、接口之间的数据传递关系、模块组合后能否达到预期效果。

虽然单元测试和集成测试有一些区别，但二者之间也有着千丝万缕的联系。目前，集成测试和单元测试的界限趋向模糊。

2. 单元测试与系统测试的区别

- 测试的对象不同。单元测试对象是详细设计中的功能单元。系统测试的对象是需求规格说明书中的功能和性能。
- 测试的层次不同。单元测试的层次比系统测试低。
- 测试的时间不同。单元测试的执行早于系统测试。
- 测试的性质不同。在单元测试过程中，测试的是软件单元的具体实现、内部逻辑结构以及数据流向等。系统测试主要是根据需求规格说明书进行的，是从用户角度来进行的功能测试和性能测试等，证明系统是满足用户的需求。

单元测试、集成测试和系统测试是测试的不同阶段，其测试粒度依次递增。在单元测试中，需要关注如下问题。

（1）目标：确保每个模块能正常工作。

（2）时间：编码、编译完后进行单元测试。

（3）依据：详细设计说明。

（4）执行者：程序开发者或白盒测试人员。

（5）如何操作：以白盒测试法为主，先静态检查分析代码是否符合规范，再通过单元测试计划设计好测试用例，动态运行代码，检查结果。

5.1.1 单元测试的定义

单元测试是一小段代码，用于检验被测代码的一个很小的、很明确的功能是否正确。通常而言，一个单元测试是用于判断某个特定条件（或者场景）下某个特定函数的行为。工厂在组装一台电视机之前，会对每个元件都进行测试，这就是单元测试。

单元测试的作用是获取应用程序中可测软件的最小片段，将其同其他代码隔离开来，然后确定它的行为是否和开发者所期望的一致。单元测试是对软件基本组成单元进行的测试，是检验程序最小单位，即检查模块有无错误，它是在编码完成后必须进行的测试工作。显然，只有保证了最小单位的代码准确，才能有效构建基于它们之上的软件模块及系统。

5.1.2 单元测试的原则

在单元测试中，应遵循以下原则：

（1）单元测试越早越好。

（2）单元测试的依据是《软件详细设计规格说明》。

（3）对于修改过的代码应该重做单元测试，以保证修改没有引入新的错误。

（4）当测试用例的测试结果与预期结果不一致时，测试人员应如实记录实际的测试结果。

（5）单元测试应注意选择好被测软件单元的大小。

（6）一个完整的单元测试说明应该包含正面测试（Positive Testing）和负面测试（Negative Testing）。正面测试验证程序应该执行的工作，负面测试验证程序不应该执行的工作。

（7）注意使用单元测试工具。

5.1.3　单元测试的策略

单元测试一般由开发组在开发组长监督下进行，保证使用合适的测试技术，根据单元测试计划和测试说明文档中制定的要求，执行充分的测试；由编写该单元的开发组中的成员设计所需要的测试用例，测试该单元并修改缺陷。根据单元测试的原则，单元测试需要：

首先，考虑如何测试那些可疑的代码。有了大致的方法后，就可以在编写项目代码时编写测试代码。

其次，需要运行测试本身，或者同时运行系统模块的所有其他测试，甚至运行整个系统的测试。这一点非常重要，需要保证所有的测试都能够通过，而不只是新写的测试能够通过，也就是说，在保证不引入新的 bug 的同时，也要保证不会给其他的测试带来破坏。

在测试过程中，需要确认每个测试究竟是通过了还是失败了。只要检查一下测试结果，就可以马上知道所有代码是否都是正确的，或者哪些代码是有问题的。具体来说，单元测试主要对程序模块的 5 个基本特性进行评价，如图 5.1 所示。

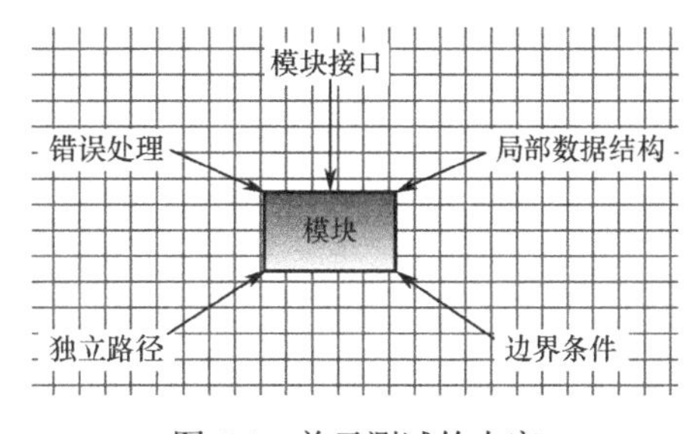

图 5.1　单元测试的内容

1. 模块接口测试

模块接口测试是针对模块接口测试应进行的检查，对通过被测试模块的数据流进行测试，检查进出模块的数据是否正确。模块接口测试必须在任何其他测试之前进行。主要涉及以下内容：

- 调用所测模块时的输入参数与模块的形式参数在个数、属性、顺序上是否匹配。
- 所测模块调用子模块时，它输入给子模块的参数与子模块中的形式参数在个数、属性、顺序上是否匹配。
- 是否修改了只读型参数。
- 调用标准函数的参数在个数、属性、顺序上是否正确。
- 全局变量是否在所有引用它们的模块中有相同的定义。

模块接口测试主要关注单元中的输入和输出。

2. 模块局部数据结构测试

模块局部数据结构测试主要是检查局部数据结构能否保持完整性，包括内部数据的内容、形式及相互关系不发生错误。涉及以下内容：

- 不正确的或不一致的类型说明。
- 错误的初始化或默认值。
- 错误的变量名，如拼写错误或书写错误。
- 下溢、上溢或者地址错误。
- 非法指针。
- 全局数据对模块的影响。

模块局部数据结构测试主要关注与被测单元内部的相关数据的类型。

3. 模块中所有独立执行路径测试

模块中所有独立执行路径测试主要是对模块中重要的执行路径进行测试，检查由于计算错误、判定错误、控制流错误导致的程序错误，重点关注由于计算错误、不正确的判定或不正常的控制流而产生的错误。涉及以下内容：

- 死代码。
- 错误的计算优先级。
- 精度错误（比较运算错误、赋值错误）。
- 表达式的不正确符号。
- 循环变量的使用错误。

独立执行路径测试主要关注程序的逻辑分支问题。

4. 各种错误处理测试

各种错误处理测试主要检查内部错误处理设施是否有效，重点关注模块在工作中发生错误时，出错处理设施是否有效。涉及以下内容：

- 出现了错误，是否进行错误处理：抛出错误、通知用户、进行记录。
- 对运行发生的错误描述是否难以理解。
- 所报告的错误与实际遇到的错误是否不一致。
- 出错后，在错误处理之前是否引起系统的干预。
- 例外条件的处理是否正确。
- 提供的错误信息是否不足，以至于无法找到错误的原因。

错误处理测试主要针对程序中的错误提示。

5. 模块边界条件测试

模块边界条件测试主要是检查临界数据是否正确处理，通常采用边界值分析方法设计测试用例，重点关注程序的边界处。涉及以下内容：

- 普通合法数据是否正确处理。
- 普通非法数据是否正确处理。
- 边界内最接近边界的合法数据是否正确处理。
- 边界外最接近边界的非法数据是否正确处理。

边界条件测试主要针对于单元测试中的边界问题。常见边界有：

- 可能与边界有关的数据类型，如数值、字符、位置、数量、尺寸等。
- 边界的首个、最后一个、最大值、最小值、最长、最短、最高、最低等特征。例如：运算或判断中取最大值、最小值时是否有错误。
- 在 *n* 次循环的第 0 次、第 1 次、第 *n* 次是否有错误。
- 数据流、控制流中刚好等于、大于、小于确定的比较值是否出现错误。

由于单元测试的策略采用独立的单元测试，不考虑每个模块与其他模块之间的关系，因此，对每个模块进行独立的单元测试，需要用到一些辅助模块，模拟与所测模块相联系的其他模块，一般把这些辅助模块分为以下两种。

（1）驱动模块（driver）：相当于所测模块的主程序。用来模拟被测试模块的上一级模块，它接收数据，将相关数据传送给被测模块，启动被测模块，并打印出相应结果。

（2）桩模块（stub）：用来模拟被测模块工作过程中所调用的模块。它们一般只进行很少的数据处理。

所测模块和它相关的驱动模块及桩模块共同构成了一个“测试环境”，如图 5.2 所示。

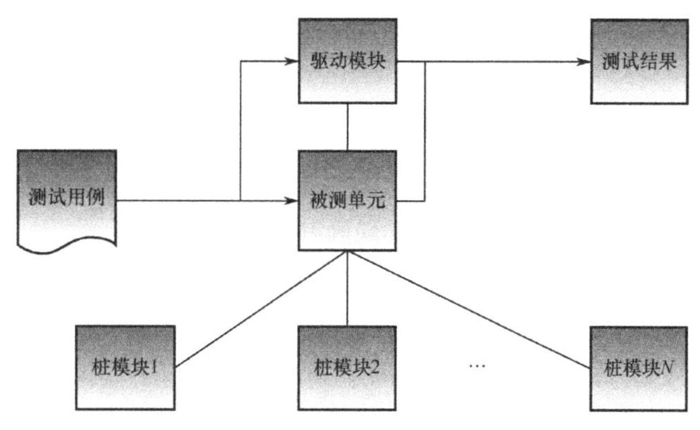

图 5.2 单元测试环境

但在一般情况下，为了降低测试工作量，仅针对那些重要的、复杂的模块开发桩模块，且无须开发驱动模块，因为被测模块的测试驱动程序已能完成相同的任务。

单元测试策略易于操作，可达到较高的结构覆盖率，且每次仅需测试一个单元，各单元的测试可以并行进行，便于加快单元测试的进度。我们常说的自顶向下和自底向上的策略是单元测试和集成测试的混合。

5.1.4 单元测试用例设计

单元测试用例的设计既可以使用白盒测试也可以使用黑盒测试，但以白盒测试为主。

进行白盒测试的前提条件是，测试人员已经对被测试对象有了一定的了解，基本上明确了被测试软件的逻辑结构。

进行黑盒测试则是要先了解软件产品具备的功能和性能等需求，再根据需求设计一批测试用例以验证程序内部活动是否合乎设计要求。

测试人员在实际工作中至少应该设计能够覆盖如下需求的基于功能的单元测试用例：

（1）测试程序单元的功能是否实现。

（2）测试程序单元的性能是否满足要求。

（3）是否有可选的其他测试特性，如边界、余量、安全性、可靠性、强度测试、人机交互界面测试等。

无论是白盒测试还是黑盒测试，每个测试用例都应该包含下面4个关键元素。

（1）被测单元模块初始状态声明，即测试用例的开始状态（仅适用于被测单元维持了调用中间状态的情况）。

（2）被测单元的输入，包含由被测单元读入的任何外部数据值。

（3）该测试用例实际测试的代码，用被测单元的功能和测试用例设计中使用的分析来说明，如单元中哪一个决策条件被测试。

（4）测试用例的期望输出结果（在测试进行之前的测试说明中定义）。

由上可得出，单元测试不但会使工作完成得更轻松，而且会令设计变得更好，甚至大大减少花在调试上的时间。具体来说：

（1）帮助开发人员编写代码，提升质量、减少bug（漏洞）。

编写单元测试代码的过程会促使开发人员思考工作代码实现内容和逻辑的过程，之后实现工作代码时，开发人员思路会更清晰，有助于提升代码的质量。

（2）提升反馈速度，减少重复工作，提高开发效率。

开发人员实现某个功能或者修补某个bug时，如果有相应的单元测试支持，开发人员可以通过运行单元测试来验证完成的代码是否正确，而不需要反复通过发布压缩包、启动应用服务器、通过浏览器输入数据等烦琐的步骤来验证。用单元测试代码来验证代码的效率比通过发布应用后以人工的方式来验证代码的效率要高得多。

（3）保证最后的代码修改不会破坏之前代码的功能。

项目越做越大，代码越来越多，特别涉及一些公用接口之类的代码或是底层的基础库，谁也不能保证修改的代码不会破坏之前的功能，代码越多，也越来越难以维护，软件质量也越来越差。单元测试就是解决这种问题的很好办法。

由于代码的历史功能都有相应的单元测试保证，修改了某些代码以后，通过运行相关的单元测试就可以验证出新调整的功能是否影响到之前的功能。这就要求单元测试代码的编写质量要有保证，而且要能够达到比较高的测试覆盖率。

（4）代码维护更容易。

由于需要给代码编写很多单元测试代码，相当于给代码添加了规格说明书，开发人员通过读单元测试代码也能够帮助理解现有代码。很多开源项目都有相当多的单元测试代码，通过读这些测试代码会有助于理解项目代码。

（5）有助于改进代码质量和设计。

很多易于维护、设计良好的代码都是通过不断的重构才得到的，虽然说单元测试本身不能直接改进生产代码的质量，但它为项目代码提供了“安全界限”，让开发人员可以大胆地改进代码，从而使代码更清晰、简洁。

5.2 JUnit 基本应用

单元测试在软件开发中变得越来越重要，而一个简单易学、适用广泛和高效稳定的单元级测试框架对实施测试有着至关重要的作用。目前最流行的单元测试工具是 XUnit 系列框架，其根据开发语言不同，可分为：CppUnit（C/C++）、JUnit（Java）、NUnit（.NET）。下面以 Java 程序常用的单元测试工具 JUnit 为例，说明单元测试的实现过程。

5.2.1 JUnit 简介

JUnit 是一个 Java 语言的单元测试框架，是 Java 社区中知名度最高的单元测试工具，成为 Java 开发中单元测试框架的事实标准。多数 Java 的开发环境都已经集成了 JUnit 作为单元测试的工具。

JUnit 是开源软件，是一个简洁、实用和经典的单元测试框架，在 1997 年由 Erich Gamma 和 Kent Beck 开发完成。JUnit 测试是程序员测试，即所谓白盒测试，因为程序员知道被测试的软件如何（How）完成功能和完成什么样（What）的功能。

JUnit 的特性主要包括以下几点：

（1）使用断言方法判断期望值和实际值差异，返回 Boolean 值。

（2）测试驱动设备使用共同的初始化变量或者实例。

（3）测试包结构便于组织和集成运行。

（4）支持图形交互模式和文本交互模式。

开发人员之所以选择 JUnit 作为单元测试的常用工具，是因为它具有以下优点。

（1）JUnit 是开源工具。

JUnit 不仅可以免费使用，还可以找到许多实际项目中的引用示例。由于是开源的，开发者还可以根据需要扩展 JUnit 的功能。

（2）JUnit 可以将测试代码和产品代码分开。

软件产品交付时，开发者一般只希望交付用户稳定运行的产品代码，而不包括测试代码。那么，测试代码和产品代码分开就容易完成这一点。而且，测试代码和产品代码分开也可以保证维护代码时不至于发生混乱。

（3）JUnit 的测试代码非常容易编写，而且功能强大。

开发者更愿意花费大量的时间在功能实现上，因此简单而功能强大的测试代码就很受欢迎。在 JUnit4.0 以前的版本中，所有的测试用例必须继承 TestCase 类，并且使用以“test+被测方法名”的约定。在 JUnit4.0 及其以后的版本中，使用 JDK5.0 的注解功能，只需在方法体前使用@test 表明表明该方法是测试方法即可，这使得测试代码的编写更加简单。

（4）JUnit 自动检测测试结果并且提供及时的反馈。

JUnit 的测试方法可以自动运行，并且使用以 assert 为前缀的方法自动对比开发者期望值和被测方法实际运行结果，然后返回给开发者一个测试成功或者失败的简明测试报告。这样就不用人工对比期望值和实际值，在保证质量的同时提高了软件的开发效率。

（5）易于集成。

JUnit 易于集成到开发的构建过程中，在软件的构建过程中完成对程序的单元测试。

（6）便于组织。

JUnit 的测试包结构便于组织和集成运行，支持图形交互模式和文本交互模式。

5.2.2 JUnit 下载和安装

JUnit 以 jar 包的方式分发，可以到 SourceForge.net 网站下载 JUnit4 和 JUnit3 的各版本。SourceForge.net，又称 SF.net，是开源软件开发者进行开发管理的集中式场所。在主页上输入 JUnit 进行搜索，就可进入 JUnit 下载页面，如图 5.3 所示。

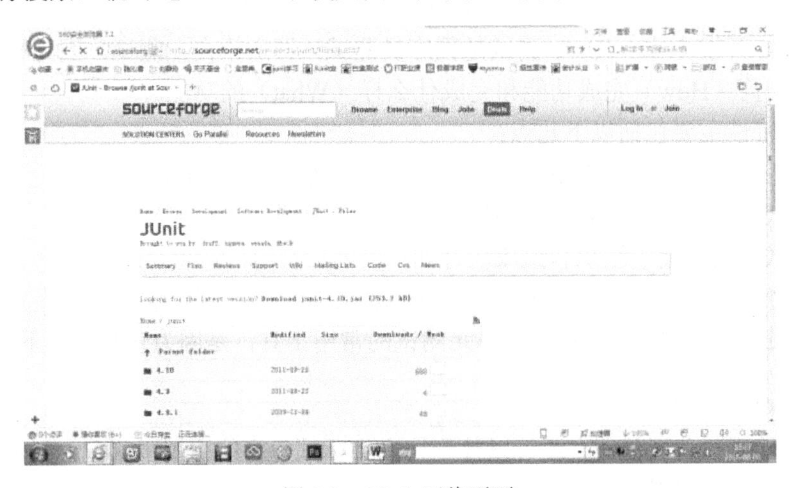

图 5.3　JUnit 下载页面

下载页面中列出 JUnit4 和 JUnit3 各种版本，根据需要单击相应的压缩文件就可下载。当前，JUnit 的最新版本是 5.0，但由于它还是测试版，故在此使用 JUnit 4.10。

JUnit 下载后，解压文件到指定的文件夹，并将 junit.jar 加入到 CLASSPATH 中。如果使用 Eclipse 工具，则可以在项目属性的 Build Path 中单击“Add Library”选项，选择 JUnit

的jar包即可。

5.2.3 JUnit 使用方法

下面以一个简单的例子说明JUnit的使用步骤。

第一步，编写被测的目标代码

以Java经典例子HelloWorld为例，代码的功能是简单输出一串字符："Hello World!"，并返回输出值："Hello World!"。

【例5-1】 HelloWorld源程序。

```
package net.liujingling.junit;

public class HelloWorld{
    String return_1="Hello World! ";
     public static String helloWorld(){
      String return_1="Hello World! ";
      System.out.println (return_1) ;
         return return_1;
    }
    }
```

第二步，编写测试代码

为了测试HelloWorld代码，需新建一个测试类，并编写相应的测试代码。用JUnit4编写的例5-1测试代码为：

```
1 package net.liujingling.junit;
2 import static org.junit.Assert.*;
3 import org.junit.Test;
4 public class HelloWorldTest{
5  @Test
6   public void testMain(){
7      HelloWord HW=new HelloWorld();
8      assertEquals ("Hello World",HW,helloworld()) ;
9   }
10}
```

下面解释各行代码：

第1行，定义测试类所在的包，一般来说，测试代码和相应的源码应放在同一个包内。

第2行和第3行，引入JUnit必需的jar包。

第4行，定义一个测试类，名为HelloWorldTest。通常以源码的名称加上"Test"，以便于理解。

第 5 行，表明下面是一个测试方法，在 JUnit 中将被执行。

第 6 行，定义一个测试方法，每个测试方法都是一个函数，都以 test 开头。

第 7 行，遵循对象测试的风格，创建对象。

第 8 行，使用断言 assertEquals()，比较调用 HelloWorld()方法后，返回值是否为“Hello World！”。

从以上代码可看出，JUnit 测试用例的代码基本结构包括以下两点。

（1）一个测试用例对应一个测试方法，即一个函数。若要创建测试，则必须编写对应的测试方法。

（2）对每个测试方法要做一些断言，断言主要用于比较实际结果与期望结果是否相符。

第三步，运行测试用例

完成测试用例代码的编写后，接下来就是运行测试用例。现在支持 JUnit 的 IDE 中默认的都是图形化的运行器，如 Eclipse 等。我们将在本章案例分析中详细介绍图形化的运行器使用方法。

在上例测试代码的第 8 行使用了 JUnit 的断言。什么是 JUnit 的断言呢？

Assert 是 JUnit 框架的一个静态类，包含一组静态的测试方法，用于期望值与实际值比较是否正确。如果测试失败，Assert 类就会抛出一个 AssertionFailedError 异常，JUnit 将这种错误归入失败并加以记录，同时标志为未通过测试。如果该类方法中指定一个 String 类型的参数，则该参数将被作为 AssertionFailedError 异常的标识信息，告诉测试人员该异常的详细信息。

JUnitAssert 类提供了 6 大类 38 个断言方法，包括基础断言、数字断言、字符断言、布尔断言、对象断言等。表 5.1 列出了 8 个核心断言方法。

表 5.1　JUnitAssert 的 8 个核心断言方法

方法	描述
assertTrue	断言条件为真。若不满足，方法抛出带有相应的信息（如果有）的 AssertionFailedError 异常
assertFalse	断言条件为假。若不满足，方法抛出带有相应的信息（如果有）的 AssertionFailedError 异常
assertEquals	断言两个条件相等。若不满足，方法抛出带有相应的信息（如果有）的 AssertionFailedError 异常
assertNotNull	断言对象不为 null。若不满足，方法抛出带有相应的信息（如果有）的 AssertionFailedError 异常
assertNull	断言对象为 null。若不满足，方法抛出带有相应的信息（如果有）的 AssertionFailedError 异常
assertSame	断言两个引用指向同一个对象。若不满足，方法抛出带有相应的信息（如果有）的 AssertionFailedError 异常
assertNotSame	断言两个引用指向不同的对象。若不满足，方法抛出带有相应的信息（如果有）的 AssertionFailedError 异常
fail	强制测试失败，并给出指定信息

其中，assertEquals（Object expected，Object actual）的内部逻辑判断使用 equals()方法，这表明断言两个实例的内部哈希值是否相等时，最好使用该方法对相应类实例的值进行比较。

assertSame（Object expected，Object actual）内部逻辑判断使用了 Java 运算符“==”，这表明该断言判断两个实例是否来自于同一个引用（reference），最好使用该方法对不同类的实例的值进行比较。

assertEquals（String message，String expected，Object actual）方法对两个字符串进行逻辑比较，如果不匹配则显示两个字符串有差异的地方。comparisionFailure 类提供两个字符串的比较，若不匹配则给出详细的差异字符。

上例测试代码的第 5 行@Test 是 JUnit4.x 的注解，表明以下是一个测试方法，这与 JUnit3..x 及以下的版本不同。常用的注解有以下几种。

（1）@Test。

@Test 表明这是一个测试方法，在 JUnit 中将被自动执行。对于方法的声明有如下要求：名字可以随意取，但返回值必须为 void 类型，而且不能有任何参数。如果违反这些规定，会在运行时抛出异常。

该注解可以测试期望异常和超时时间，如果@Test(timeout=100)，给测试函数设定一个执行时间，超过这个时间（100ms），它们就会被系统强行终止，并且系统还会汇报该函数结束的原因是因为超时，这样就可以发现这些 bug 了，同时还可以测试期望的异常。例如：

```
@Test(expected=IllegalArgumentException.class)
    @Test(expected=Exception.class)
    public void testDivide()throws Exception{
    cal.divide(1,0);
}
```

（2）@Before。

初始化方法，在任何一个测试执行之前必须执行的代码。格式：@Before public void method()，例如：

```
@Before
public void setup()throws Exception{
   calculator=new Calculator();
}
```

（3）@After。

释放资源，在任何测试执行之后需要进行的收尾工作。格式：@After public void method()，例如：

```
@After
public void tearDown()throws Exception{
   calculator=null;
}
```

（4）@BeforeClass。

针对所有测试，在所有测试方法执行前执行一次，且必须为 public static void。格式：@BeforeClass public void method()，例如：

```
@BeforeClass
public static void setUpBeforeClass()throws Exception{
   System.out.println("@BeforeClass is called");
}
```

（5）@AfterClass。

针对所有测试，在所有测试方法执行结束后执行一次，且必须为 public static void。格式：@ AfterClass　public void method()，例如：

```
@AfterClass
public static void tearDownAfterClass()throws Exception{
    System.out.println("@AfterClass is called");
}
```

（6）@Ignore。

忽略的测试方法，标注的含义就是“某些方法尚未完成，暂不参与此次测试”；这样测试结果就会提示有几个测试被忽略，而不是失败。一旦完成了相应函数，只需要把@Ignore标注删去，就可以进行正常的测试了。例如：

```
@Ignore
@Test
public void testAdd(){
    int result=cal.add(1,1);
    assertEquals(2,result);
}
```

JUnit 的更多知识，请参阅相关书籍。

5.3 案例分析

下面通过具体的案例来加深对单元测试的理解。

5.3.1 学习目标

（1）理解单元测试的概念及目的，熟悉单元测试常用方法。
（2）掌握单元测试的环境搭建。
（3）使用单元测试工具。

5.3.2 案例要求

按照单元测试的流程，使用 JUnit 工具对简单的计算器源代码进行单元测试，此计算器实现加、减、乘、除四个功能。

5.3.3 案例实施

本节通过实例重点讲述在 Eclipse 中引入 JUnit 进行测试，具体实施步骤如下。

（1）新建一个 Java 示例工程。

在 Eclipse 的 File 菜单中选择“New”→“ Java Project”，新建一个 Java 工程，取名为 junit_example，如图 5.4 所示。

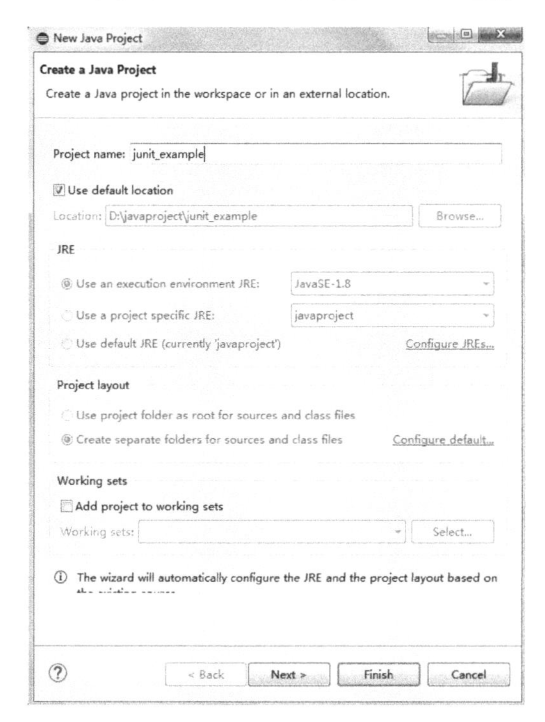

图 5.4　创建 Java 测试实例图（一）

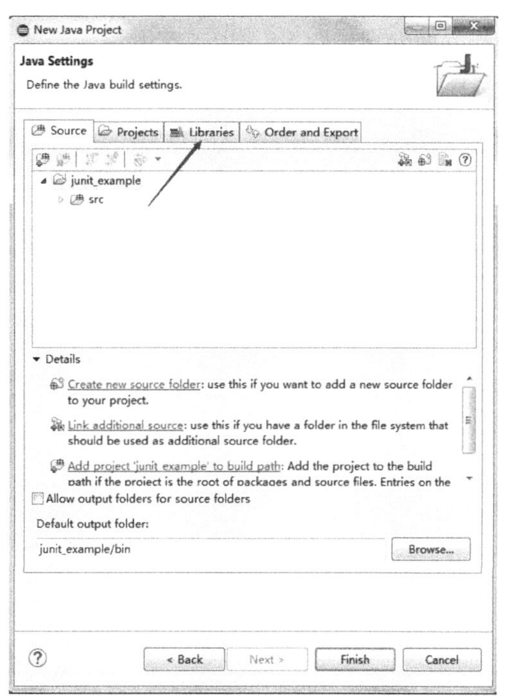

图 5.5　创建 Java 测试实例图（二）

单击“Next”按钮进入如图 5.5 所示的界面，在其中选中标签页 Labraries，如图 5.6 所示。单击 Add Library 按钮，进入如图 5.7 所示的添加库页面。

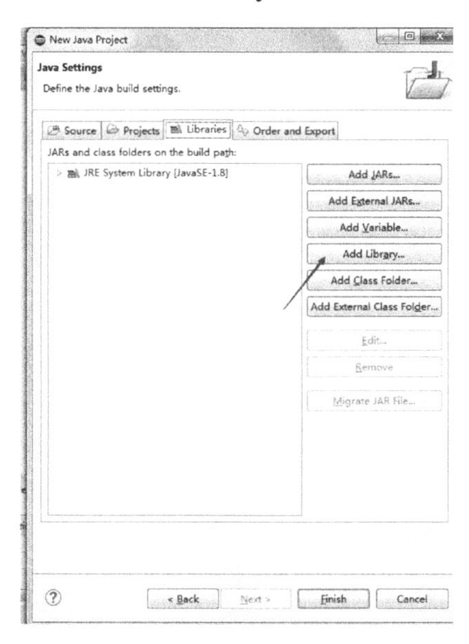

图 5.6　创建 Java 测试实例图（三）

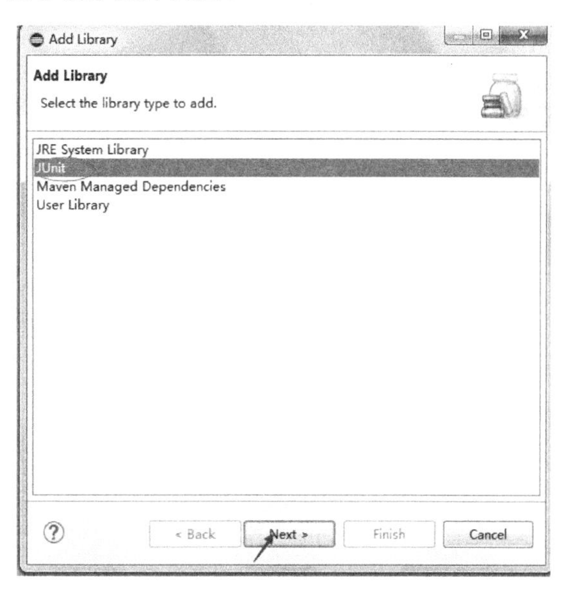

图 5.7　创建 Java 测试实例图（四）

在图 5.7 中选中 JUnit 后，单击“Next”按钮，选择 JUnit 的版本，在此选择 JUnit4。本例下载的 jar 包版本为 JUnit4.10，并在\eclipse\plugins\org.jnitXXX 中替换了 junit.jar，其

操作界面分别如图 5.8 和图 5.9 所示。

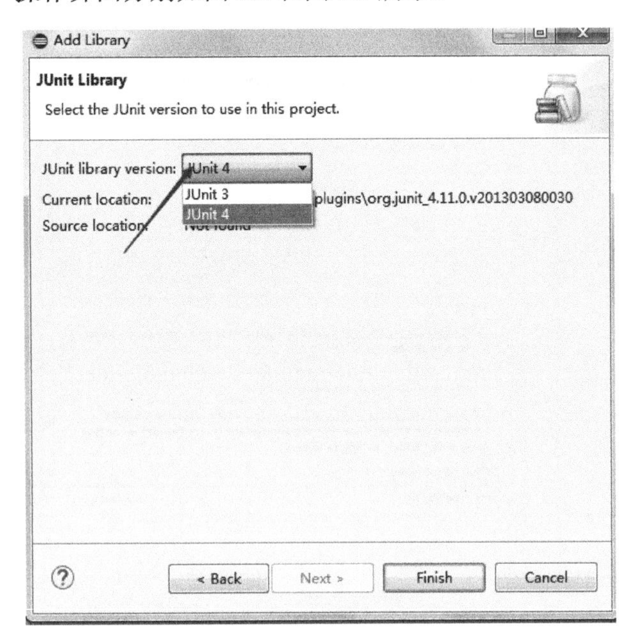

图 5.8　创建 Java 测试实例图（五）

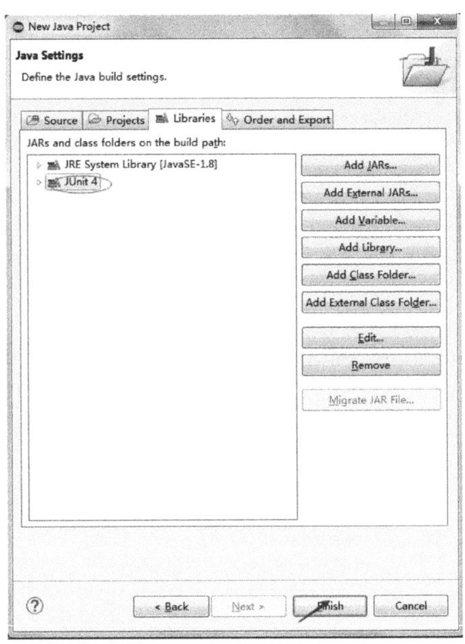

图 5.9　创建 Java 测试实例图（六）

在图 5.9 中，单击“Finish”按钮，即把 JUnit 引入到当前新建的项目库中。

如果是已经创建好的项目，通过选中项目且单击鼠标右键，选中 Build Path→Add Libraries 同样可以把 JUnit 引入到当前的项目库中，如图 5.10 所示。

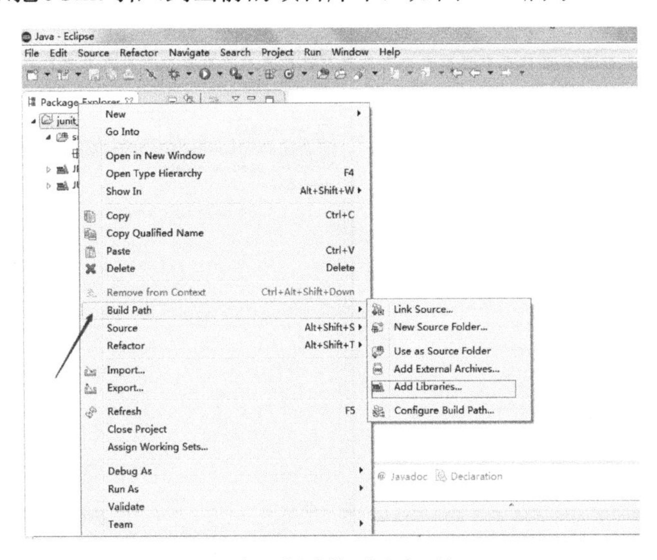

图 5.10　在已创建的项目中引入 JUnit

（2）创建一个用 Java 创建简化的计算器的实例源代码。

在 junit_example 项目中，新建计算器类的框架，如图 5.11 所示。在 Calculator.java 中加入简单的加、减、乘、除运算代码，如图 5.12 所示。

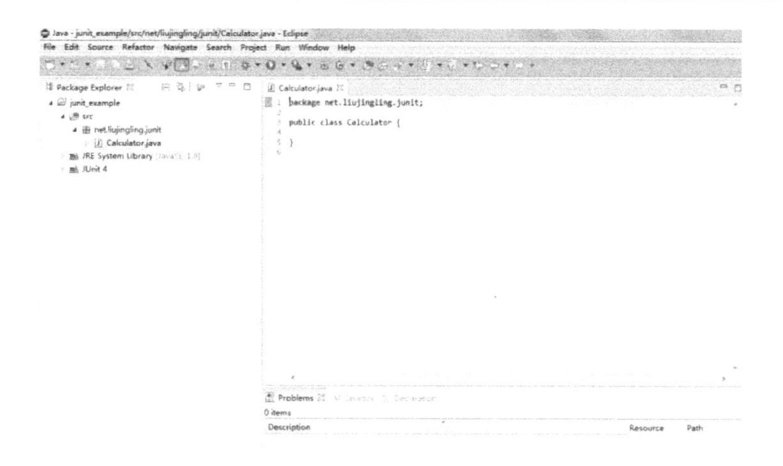

图 5.11　在 junit_example 中创建计算器类

```
1  package net.liujingling.junit;
2
3  public class Calculator {
4      public int add  (int a , int b){
5          return a+b;
6      }
7      public int substrate  (int a , int b){
8          return a-b;
9      }
10     public int multiply  (int a , int b){
11     return a*b;
12 }
13     public int divide  (int a , int b){
14     return a/b;
15 }
16 }
17
```

图 5.12　计算器类的代码截图

（3）新建单元测试代码目录。

单元测试代码是不会出现在最终软件产品中的，所以最好为单元测试代码与被测试代码创建单独的目录，并保证测试代码和被测试代码使用相同的包名。这样既保证了代码的分离，同时还保证了查找的方便。

在 junit_example 项目中新建 Source Folder，如图 5.13 所示。测试代码目录命名为 junit_src，如图 5.14 和图 5.15 所示，其用来存放测试代码。

（4）编写计算器单元测试用例。

在 Calculator.java 文件处右击并选择“New”→“JUnit Test Case”菜单项，如图 5.16 所示。在打开的“New JUnit Test Case”对话框中，选择“Source folder”为 junit_src 目录，如图 5.17 所示。

在图 5.17 中，单击“Next”按钮，选择要测试的方法，如图 5.18 所示。最后单击“Finish”按钮，系统自动生成的测试类及代码框架如图 5.19 所示。

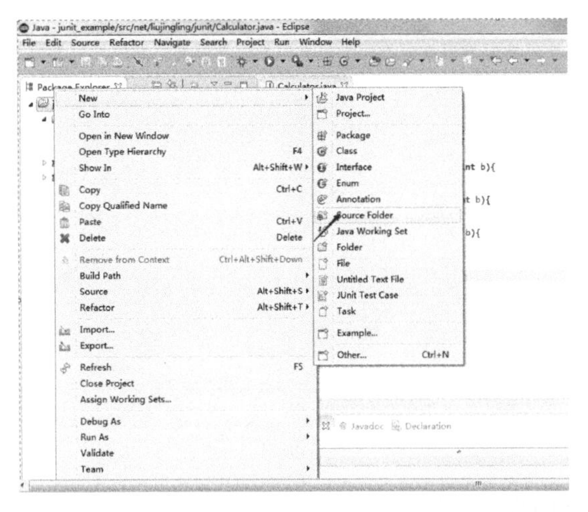

图 5.13　在 junit_example 中创建测试代码目录

图 5.14　命名测试代码目录

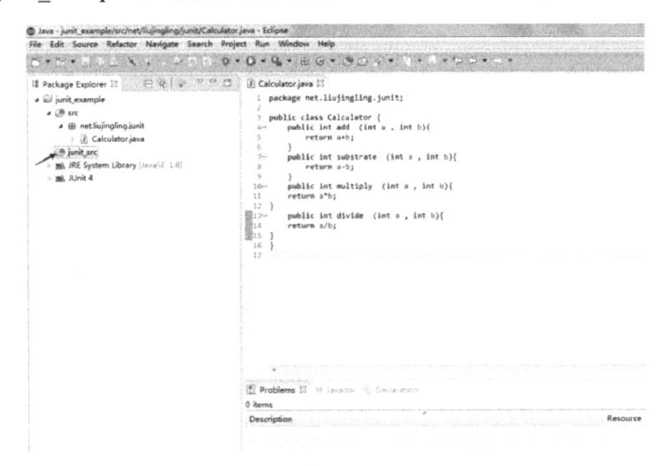

图 5.15　建好的测试源代码包

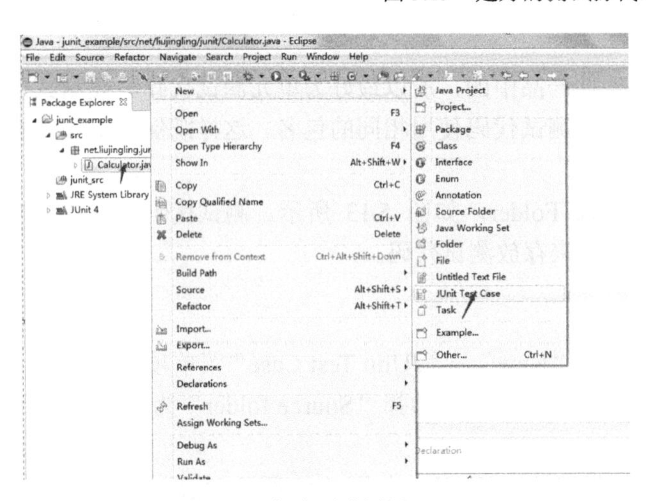

图 5.16　创建测试用例

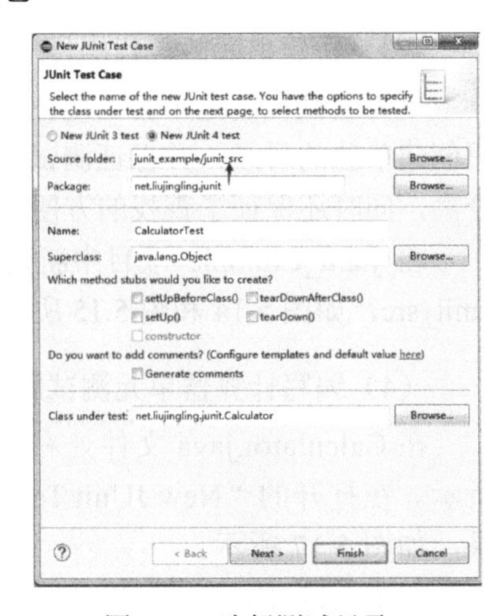

图 5.17　选择测试目录

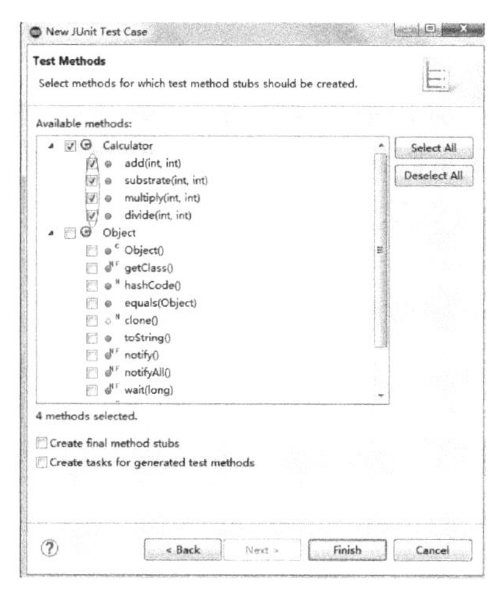

图 5.18 选择测试方法

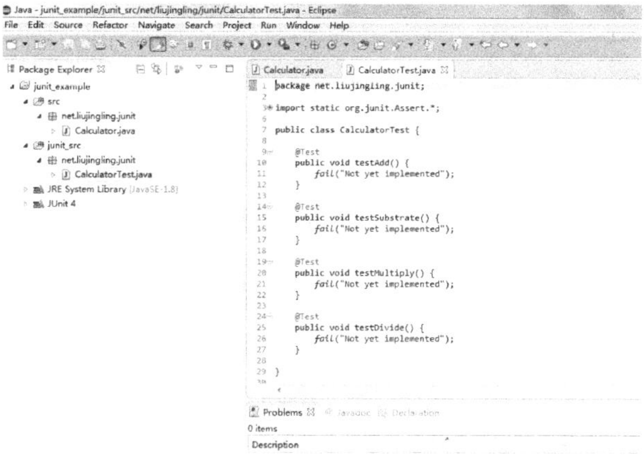

```
package net.liujingling.junit;

import static org.junit.Assert.*;

public class CalculatorTest {

    @Test
    public void testAdd() {
        fail("Not yet implemented");
    }

    @Test
    public void testSubstrate() {
        fail("Not yet implemented");
    }

    @Test
    public void testMultiply() {
        fail("Not yet implemented");
    }

    @Test
    public void testDivide() {
        fail("Not yet implemented");
    }

}
```

图 5.19 测试类及代码框架

在生成的代码框架基础上，编写四个方法的测试代码，如图 5.20 所示。

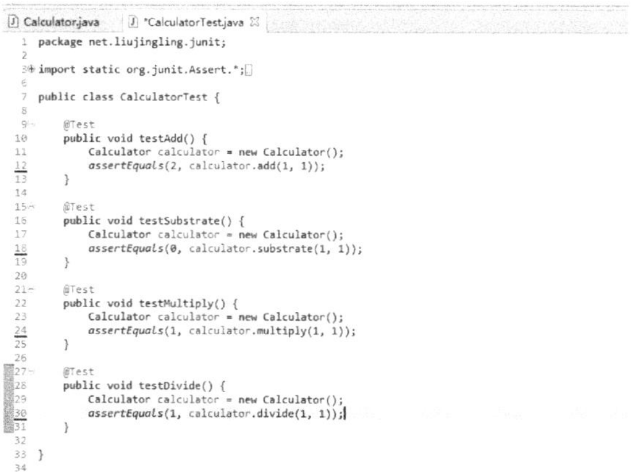

```
package net.liujingling.junit;

import static org.junit.Assert.*;

public class CalculatorTest {

    @Test
    public void testAdd() {
        Calculator calculator = new Calculator();
        assertEquals(2, calculator.add(1, 1));
    }

    @Test
    public void testSubstrate() {
        Calculator calculator = new Calculator();
        assertEquals(0, calculator.substrate(1, 1));
    }

    @Test
    public void testMultiply() {
        Calculator calculator = new Calculator();
        assertEquals(1, calculator.multiply(1, 1));
    }

    @Test
    public void testDivide() {
        Calculator calculator = new Calculator();
        assertEquals(1, calculator.divide(1, 1));
    }

}
```

图 5.20 编写测试代码

（5）查看测试运行结果。

在测试类上右击鼠标，在弹出菜单上选择“Run As”→“JUnit Test”。运行结果如图 5.21 所示，绿色进度条提示测试运行通过了。如果未通过或错误，左侧会有相应提示，并且进度条为红色，如图 5.22 所示。

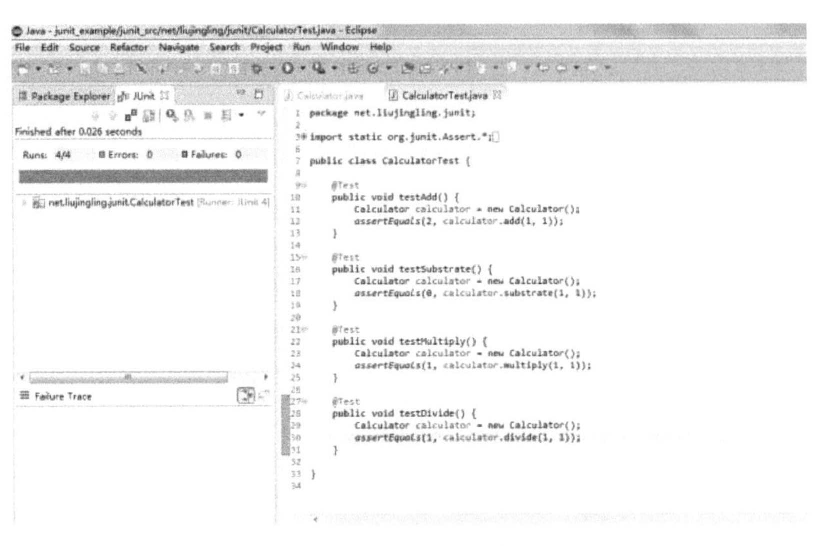

图 5.21　测试通过示意图

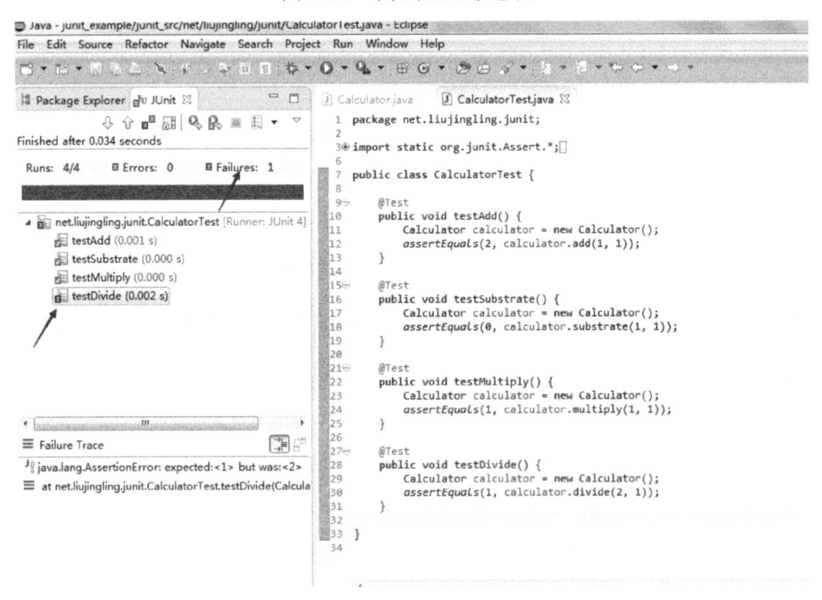

图 5.22　测试未通过示意图

5.3.4　案例总结

单元测试是对软件源程序内部的每一个单元进行检查测试，往往能更好地发现错误。

随着软件测试的发展，相应的单元测试框架的应用对测试工作优化了不少。单元测试不但可保证局部代码的质量，而且可使开发过程自然而然地变得敏捷。单元测试对项目或产品的整个生命周期都具有积极的影响。

JUnit 是 XUnit 系列单元测试框架的鼻祖，也是应用最广泛的 Java 单元测试框架，使用 Eclipse 开发工具可以帮助开发人员更快捷地编写和运行测试用例。

习题与思考

一、填空题

1．单元测试是以________________说明书为指导，测试源程序代码。

2．JUnit 中的所有 Assert 方法全部放在_____________类，用于对比_____________和实际值是否相同。

3．单元测试主要测试模块的 5 个基本特征：___________、__________、__________、____________ 、_____________。

4．在单元测试中，需要为被测模块设计_____________模块和_____________模块。其中，_____________用来模拟被测模块的上级调用模块，_____________用来代替被测模块所调用的模块。

5．白盒法必须考虑程序的_____________和___________，以检查__________的细节为基础，对程序中尽可能多的逻辑路径进行___________。

二、选择题

1．在 Assert 类中断言对象为 NULL 是_______。

A．assertEquals　　B．assertTrue　　C．assertNull　　D．fail

2．在 Assert 类中断言两个对象相等是_______。

A．assertEquals　　B．assertTrue　　C．assertSame　　D．fail

3．以下关于单元测试的不正确说法是_______。

A．单元测试主要目的是针对编码过程中可能存在的各种错误

B．单元测试一般由程序开发人员完成

C．单元测试是一种不需要关注程序结构的测试

D．单元测试属于白盒测试

4．JUnit 测试在单元测试阶段测试，主要用于________。

A．白盒测试　　B．灰盒测试　　C．黑盒测试　　D．确认测试

三、简答题

1．试比较单元测试、集成测试和系统测试的区别。

2．请解释如下名词：测试用例、驱动模块、桩模块、单元测试。

第6章 集成测试

在软件测试中，时常会遇到这样的情况：在测试完每个模块的单元后，将其集成在一起之后，模块与模块之间却无法正常工作。出现这样的问题在很大程度上是由于接口出现了问题，如模块之间的参数传递不匹配、全局变量被误用或误差不断累积达到无法接受的程度等情况造成的。因此，在模块集成之后，需要对其进行集成测试。

6.1 集成测试的概念

集成测试（Integration Testing）是介于单元测试和系统测试之间的过渡阶段，与软件概要设计阶段相对应，是单元测试的扩展和延伸。最简单的集成测试形式是把两个单元模块集成或者组合到一起，然后对它们之间的接口进行测试。当然，实际的集成测试过程可能比这复杂得多，需要根据具体情况使用不同的策略将众多模块组合成子系统，测试各个模块能否以稳定、正确的方式交互。集成测试测试组合单元时出现的问题，通过使用要求在组合单元前测试每个单元并确保每个单元的生存能力的测试计划，可以知道在组合单元时所发现的任何错误很可能与单元之间的接口有关。这种方法将可能发生的情况数量减少到更简单的分析级别。一个有效的集成测试有助于解决相关的软件与其他系统的兼容性和可操作性的问题。

6.1.1 集成测试的主要任务

集成测试是在单元测试的基础上，测试在将所有的软件单元按照概要设计规格说明的要求组装成模块、子系统或系统的过程中各部分工作是否达到或实现相应技术指标及要求的活动。也就是说，在集成测试之前，单元测试应该已经完成，集成测试中所使用的对象应该是已经经过单元测试的软件单元。这一点很重要，因为如果不经过单元测试，那么集成测试的效果将会受到很大影响，并且会大幅增加软件单元代码纠错的代价。

集成测试是单元测试的逻辑扩展。在现实方案中，集成是指多个单元的聚合，许多单元组合成模块，而这些模块又聚合成程序的更大部分，如分系统或系统。集成测试采用的方法是测试软件单元的组合能否正常工作，以及与其他组的模块能否集成起来工作。最后，还要测试构成系统的所有模块组合能否正常工作。一般来讲，集成测试都是按照《软件概要设计规格说明》进行的，任何不符合该说明的程序模块行为都应该加以记载并上报。

所有的软件项目都不能摆脱系统集成这个阶段。不管采用什么开发模式，具体的开发工作总得从一个一个的软件单元做起，软件单元只有经过集成才能形成一个有机的整体。具体的集成过程可能是显性的，也可能是隐性的。只要有集成，总是会出现一些常见问题，工程实践中几乎不存在软件单元组装过程中不出任何问题的情况。所以，需要集成测试这一过程。

6.1.2　集成测试的原则

在做集成测试时，应重点考虑以下方面。

（1）各个模块连接起来后，通过模块接口的数据是否会出现丢失，模块能否按照需求说明书中的预期要求将数据期望值传递给另一个模块。

（2）将模块连接好后，还需要判断有无在单元测试时未曾发现的资源竞争情况。

（3）通过单元测试的子模块集成一体后能否实现父功能。

（4）考虑兼容性的问题。比如，在加入新的子模块后，是否对其他模块产生负面影响。

（5）考虑集成性的问题。比如，模块的误差是否会累积，影响整体性能。

另外，集成测试的必要性还在于一些模块虽然能够单独地工作，但并不能保证连接起来也能正常工作。程序在某些局部反映不出来的问题，有可能在全局上会暴露出来，影响功能的实现。此外，在某些开发模式中，如迭代式开发，设计和实现是迭代进行的。在这种情况下，集成测试的意义还在于它能间接地验证概要设计是否具有可行性。

6.2　集成测试策略

6.2.1　自顶向下的集成测试

自顶向下是指从主控模块开始，沿着软件的控制层次向下移动，从而逐渐把各个模块结合起来。在组装过程中，可以使用深度优先组合策略，如图 6.1 所示，或宽度优先组合策略，如图 6.2 所示。具体步骤如下。

（1）对主控模块进行测试，测试时用桩程序代替所有直接附属于主控模块的模块。

（2）根据选定的结合策略（深度优先或宽度优先），每次用一个实际模块代替一个桩程序（新结合进来的模块往往又需要新的桩程序）。

（3）在加入每一个新模块的时候，完成其集成测试。

（4）为了保证加入模块没有引进新的错误，可能需要进行回归测试（即全部或部分地重复以前做过的测试）。

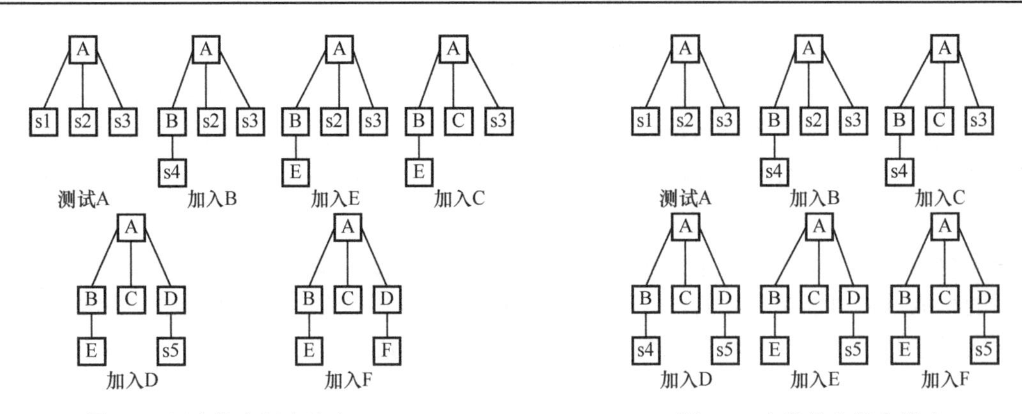

图 6.1　深度优先组合策略

图 6.2　广度优先组合策略

从第（2）步开始不断地重复进行上述过程，直至完成。自顶向下测试，一般需要开发桩程序，不需要开发驱动程序。因为模块层次越高，其影响面越广，重要性也就越高。自顶向下测试能够在测试阶段的早期验证系统的主要功能逻辑，也就是越重要的模块，在自顶向下中能优先得到测试。因为需要大量的桩程序，自顶向下测试可能会遇到比较大的困难，而且用户使用频繁的基础函数一般处在底层，发现这些基础函数的错误会较晚。

自顶向下的集成测试的优、缺点分析如下。

（1）优点：

① 较早地验证了主要控制和判断点。

② 按深度优先可以首先实现和验证一个完整的软件功能。

③ 能够较早地验证功能可行性，给开发者和用户带来成功的信心。

④ 只需一个驱动，减少驱动器开发的费用。

⑤ 支持故障隔离和错误定位。

（2）缺点：

① 桩的开发量大。

② 底层验证被推迟。

6.2.2　自底向上的集成测试

自底向上的集成测试是指从底层模块（即在软件结构最低层的模块）开始，向上推进，不断进行集成测试的方法（如图 6.3 所示），具体策略是：

（1）把底层模块组合成实现某个特定的软件站功能族。

（2）写一个驱动程序，调用上述底层模块，并协调测试数据的输入和输出。

（3）对由驱动程序和子功能族构成的集合进行测试。

（4）去掉驱动程序，沿软件结构从下向上移动，加入上层模块形成更大的子功能族。

从第（2）步开始不断地重复进行上述过程，直至完成。自底向上方法，一般不需要创建桩程序，而驱动程序比较容易建立。这种方法能够在最早的时间完成对基础函数的测试，其他模块可以更早地调用这些基础函数，有利于提高开发效率，缩短开发周期。但是，影响面越广的上层模块，测试时间越靠后，后期一旦发现问题，缺陷修改就困难或影响面很广，存在很大的风险。

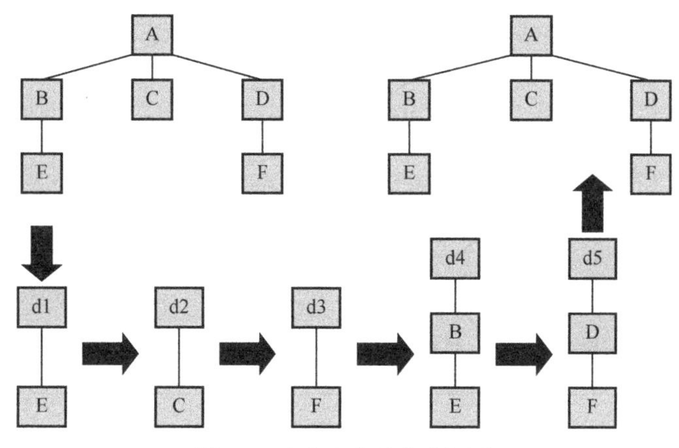

图 6.3 自底向上的集成测试

自底向上的集成测试的优、缺点分析如下。

（1）优点：

① 较早验证底层组件行为。

② 工作最初可以并行集成，比自顶向下的效率高。

③ 减少了桩的工作量。

④ 能较好地锁定软件故障所在位置。

（2）缺点：

① 驱动的开发工作量大。

② 对高层的验证被推迟，设计上的错误不能被及时发现。

6.2.3 “三明治”集成测试

在实际测试工作中，一般会将自顶向下集成和自底向上集成两种测试方法有机地结合起来，采用混合策略来完成系统的集成测试，发挥每种方法的优点，避免其缺点，提高测试效率。例如，在测试早期，使用自底向上法测试少数的基础模块，然后再采用自顶向下法来完成集成测试。更多时候，同时使用自底向上法和自顶向下法进行集成测试，即采用两头向中间推进，切合开发的进程，大大降低驱动程序和桩程序的编写工作量，加快开发的进程。因为自底向上集成时，先期完成的模块将是后期模块的桩程序，而自顶向下集成时，先期完成的模块将是后期模块的驱动程序，从而使后期模块的单元测试和集成测试出现了部分的交叉，不仅节省了测试代码的编写，也有利于提高工作效率。这种方法，俗称三明治集成测试方法（如图 6.4 所示）。

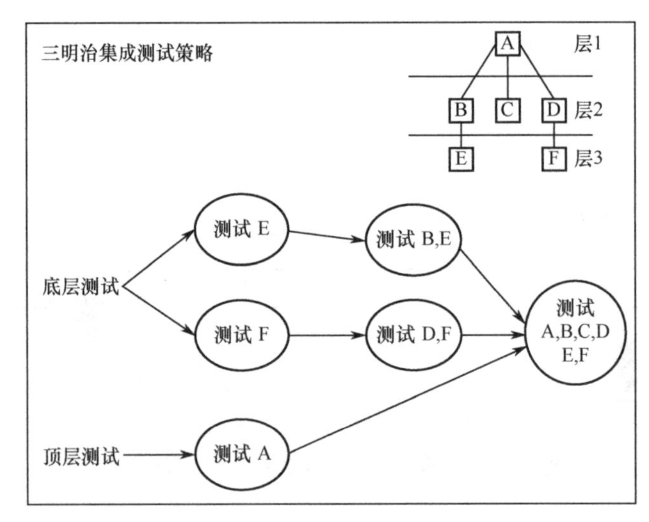

图 6.4　三明治集成测试方法

三明治集成测试的步骤如下。

（1）对目标层之上一层使用自顶向下集成，因此测试 A，使用桩代替 B、C、D。

（2）对目标层之下一层使用自底向上集成，因此测试 E、F，使用驱动代替 B、D。

（3）把目标层下面一层与目标层集成，因此测试（B，E）、（D，F），使用驱动代替 A。

（4）把三层集成到一起，因此测试（A，B，C，D，E，F）。

三明治集成测试的优、缺点分析如下。

（1）优点：集合了自顶向下和自底向上两种策略的优点。

（2）缺点：中间层测试不充分。

6.3　QTP 基本应用

6.3.1　QTP 简介

QTP（Quick Test Professional）是由 Mercury 公司开发的一种自动测试工具。使用 QTP 目的是用它来执行重复的手动测试，主要是用于回归测试和功能测试。QTP 让用户直接录制屏幕上的操作流程，自动生成功能测试或者回归测试用例。

QTP 最大的特点是测试脚本与测试对象分离，提供了专家视图和关键字视图，如图 6.5 所示。

6.3.2　QTP 下载和安装

可以在惠普官网上下载 QTP。安装时需要注意如下破解方法：

（1）复制 mgn-mqt82.exe 到 C:\Program Files\Mercury Interactive（创建）文件夹下。

（2）创建 C:\Program Files\Common Files\Mercury Interactive\License Manager 文件夹。

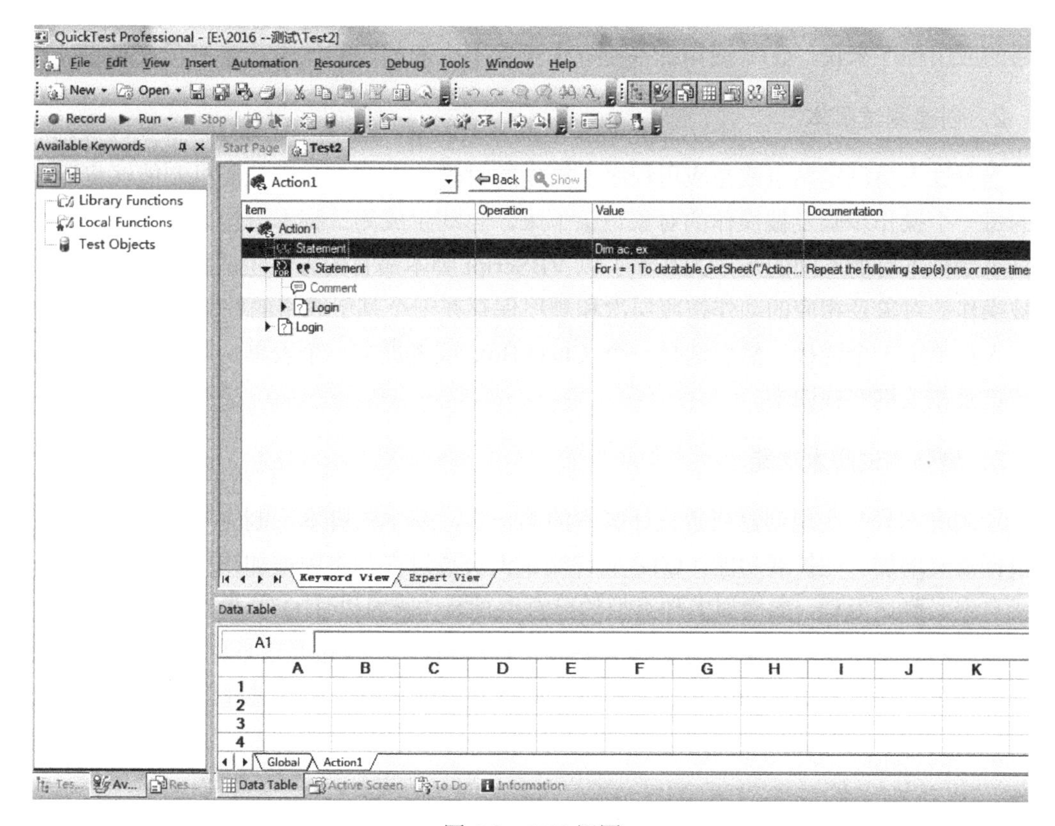

图 6.5　QTP 视图

（3）执行 mgn-mqt82.exe。

（4）打开 QTP 10，然后安装 License（版权许可证），复制文件（C:\Program Files\Common Files\MercuryInteractive\License Manager\LSERVRC）中#之前的字符串，如 QVWCPPU ZA46 X5BO#"FTUni-fied"version"1.0"，no expiration date，exclusive 就复制#号前的 QVWCPPU ZA46X5BO，然后粘贴到 License 向导中的 License 输入框中。

6.3.3　QTP 基础

QTP 进行功能测试的测试流程：制订测试计划→创建测试脚本→增强测试脚本功能→运行测试→分析测试结果。

1．制定测试计划

测试计划是根据被测项目的具体需求，以及所使用的测试工具而制定的，完全用于指导测试全工程。QTP 是一个功能测试工具，主要帮助测试人员完成软件的功能测试，与其他测试工具一样，QTP 不能完全取代测试人员的手工操作，但是在某个功能点上，使用 QTP 的确能够帮助测试人员做很多工作。在测试计划阶段，首先要做的就是分析被测应用的特点，决定应该对哪些功能点进行测试，可以考虑细化到具体页面或者具体控件。对于一个普通的应用程序来说，QTP 应用在某些界面变化不大的回归测试中是非常有效的。

2. 创建测试脚本

当测试人员浏览站点或在应用程序上操作的时候，QTP 的自动录制机制能够将测试人员的每一个操作步骤及被操作的对象记录下来，自动生成测试脚本语句。与其他自动测试工具录制脚本有所不同的是，QTP 除了以 VBScript 脚本语言的方式生成脚本语句以外，还将被操作的对象及相应的动作按照层次和顺序保存在一个基于表格的关键字视图中。比如，测试人员单击一个链接，然后选择一个 CheckBox 或者提交一个表单，这样的操作流程都会被记录在关键字视图中。

3. 增强测试脚本功能

录制脚本只是实现创建或者设计脚本的第一步，基本的脚本录制完毕后，测试人员可以根据需要增加一些扩展功能，QTP 允许测试人员通过在脚本中增加或更改测试步骤来修正或自定义测试流程，如增加多种类型的检查点功能，既可以让 QTP 检查在程序的某个特定位置或对话框中是否出现了需要的文字，还可以检查一个链接是否返回了正确的 URL 地址等，还可以通过参数化功能，使用多组不同的数据驱动整个测试过程。

4. 运行测试

QTP 从脚本的第一行开始执行语句，运行过程中会对设置的检查点进行验证，用实际数据代替参数值，并给出相应的输出结构信息。测试过程中，测试人员还可以调试自己的脚本，直到脚本完全符合要求。

5. 分析测试结果

运行结束后，系统会自动生成一份详细完整的测试结果报告。

6.4 案例分析：飞机订票系统自动化功能测试

6.4.1 学习目标

（1）掌握各种关键字驱动的方法。
（2）掌握检查的使用。

6.4.2 案例要求

（1）对飞机订票系统，选择登录模块，把待测对象添加到对象库，然后用关键字驱动测试的方法设计测试脚本并运行。

（2）对飞机订票系统，插入各种检查点，包括标准检查点、文本检查点、位图检查点、页面检查点等，来增强脚本的判断能力，运行脚本并分析测试结果。

6.4.3 案例实施

1. 系统登录功能测试

只有输入正确的用户名和密码才能登录成功，登录模块的界面如图 6.6 所示。由该图可知，在该登录实例中，有两个变量：Agent Name（用户名）和 Password（密码）。因此，在设计测试用例时，需要加以考虑。

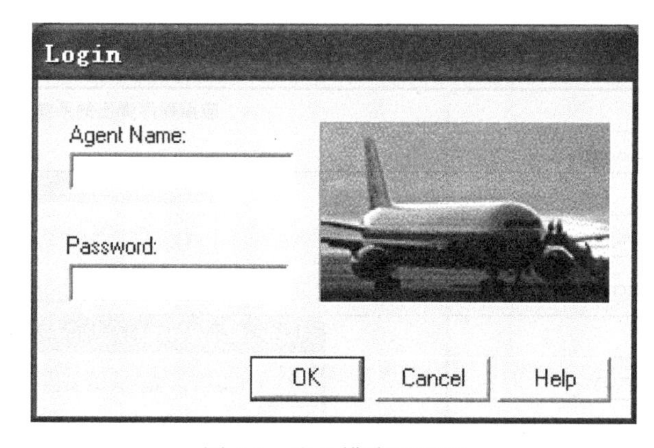

图 6.6 登录模块的界面

1）测试用例的设计

用户名和密码参数异常时，如何捕捉动态信息呢？在参数化的过程中，要尽可能全面地测试登录功能的正常和异常情况。下面，设计 5 种类型的测试用例。

A：用户名、密码为空，单击登录，期望系统提示：请输入用户名，测试数据无。

B：输入用户名、密码为空，单击登录，期望系统提示：请输入密码，测试数据 mercury，空。

C：输入错误的用户名、密码，单击登录，期望系统提示：用户名不存在，测试数据：test，test。

D：输入正确的用户名、错误的密码，单击登录，期望系统提示：密码不正确，测试用例：mercury，test。

E：输入正确的用户名、密码，单击登录，通过系统验证，进入系统，测试数据：mercury，mercury。

2）测试用例的执行

录制脚本。

双击桌面上的 QuickTest Professional 快捷图标，出现如图 6.7 所示的 Login 界面。单击“OK”按钮。

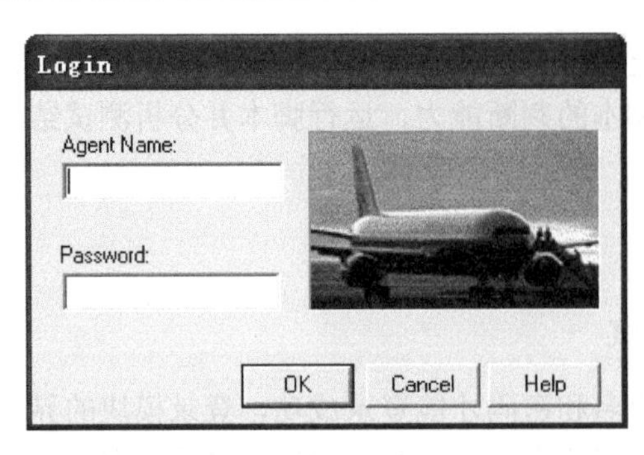

图 6.7　Login 界面

测试用例的执行情况如表 6.1 所示。

表 6.1　测试用例的执行情况

测试数据		应用程序弹出的系统提示
Agent Name	Password	
		Flight Reservations Please enter agent name 确定
	wrong	
	mercury	
wrong		Flight Reservations Agent name must be at least 4 characters long. 确定
wrong	mercury	
wrong	wrong	
mercury		Flight Reservations Please enter password 确定
mercury	wrong	Flight Reservations Incorrect password. Please try again 确定
mercury	mercury	Logging in ...

2. 强化脚本

将密码的密文改为明文。

密码从密文改成明文有如下两种方法：在 Expert View 中更改、在 Keyword View 中更改。

在 Expert View 中修改密文为明文：选中 Keyword View 中的“Password”行，将“Operation”值由“SetSecure”改为“Set”，将其“Value”值改为“mercury”。

QTP 使用 VBScript 脚本语言，上面提到的 Keyword View 和 Expert View 代表两种视图。其中，Keyword View 是关键字视图，显示了每一步的信息，父对象和子对象之间按照阶梯次序显示。Expert View 是专家视图，显示了录制的相关 VB 脚本，父对象和子对象之间以分隔符分开。为了简单明了地查看测试结果，可以修改脚本添加判断。脚本如下所示：

```
Dialog("Login").WinEdit("Agent Name:").Set "mercury"
Dialog("Login").WinEdit("Password:").Set "mercury"
Dialog("Login").WinButton("OK").Click
If Window("Flight Reservation").Exist Then
    Reporter.ReportEvent micPass ,"登录验证","登录成功"
    Window("Flight Reservation").Close
Else
    Reporter.ReportEvent micFail,"登录验证","登录失败"
End If
```

3. 参数化实例

对用户名、密码分别进行参数化，将参数写到与数据表对应的“user”，“pass”列中，并且数据表是当前的 Action 所使用的 Data Table（数据表），不是全局数据表，如图 6.8 所示。

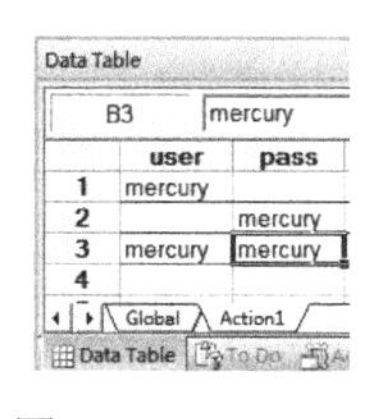

	user	pass
1	mercury	
2		mercury
3	mercury	mercury
4		

图 6.8　Data Table

读取 Data Table 的一行数据，代码如图 6.9 所示。

添加 For 循环，循环读取 Data Table 里的值，代码如图 6.10 所示。

```
Action1
1:
2: '定义希望结果，实际结果变量
3: Dim ac,ex
4: '参数化
5: Dialog("Login").WinEdit("Agent Name:").Set datatable("user","Action1")
6: Dialog("Login").WinEdit("Password:").SetSecure datatable("pass","Action1")
7: Dialog("Login").WinButton("OK").Click
8: '判断错误对话框是否存在
9: If Dialog("Login").Dialog("Flight Reservations").Exist Then
10: '获取运行时的实际text值
11:   ac=Dialog("Login").Dialog("Flight Reservations").Static("message").GetROProperty("text")
12:   '获取希望的结果
13:   ex=datatable("msg","Action1")
14:   If ex=ac Then
15:     msgbox "ok"
16:     else
17:     msgbox "nono"
18:   End If
19: Dialog("Login").Dialog("Flight Reservations").WinButton("确定").Click '关掉错误警告界面
20: Dialog("Login").WinButton("Cancel").Click          '关掉本次登录界面，便于下一个循环
21:   else
22:  Window("Flight Reservation").Close
23: End If
24: Next
25:
```

图 6.9　读取 Data Table 的一行数据

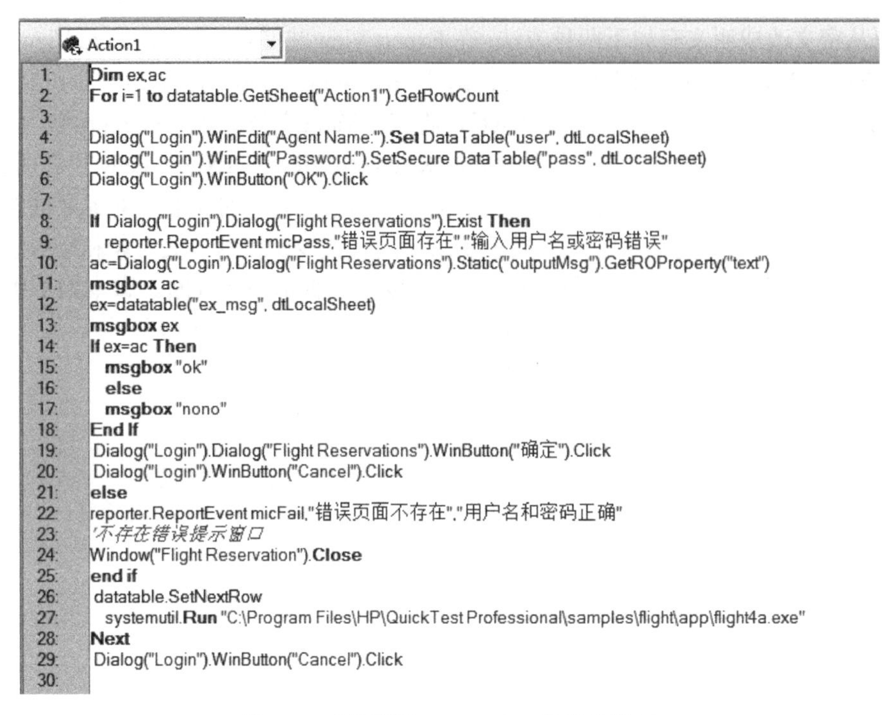

```
Action1
1: Dim ex,ac
2: For i=1 to datatable.GetSheet("Action1").GetRowCount
3:
4: Dialog("Login").WinEdit("Agent Name:").Set DataTable("user", dtLocalSheet)
5: Dialog("Login").WinEdit("Password:").SetSecure DataTable("pass", dtLocalSheet)
6: Dialog("Login").WinButton("OK").Click
7:
8: If Dialog("Login").Dialog("Flight Reservations").Exist Then
9:    reporter.ReportEvent micPass,"错误页面存在","输入用户名或密码错误"
10: ac=Dialog("Login").Dialog("Flight Reservations").Static("outputMsg").GetROProperty("text")
11: msgbox ac
12: ex=datatable("ex_msg", dtLocalSheet)
13: msgbox ex
14: If ex=ac Then
15:    msgbox "ok"
16:    else
17:    msgbox "nono"
18: End If
19:  Dialog("Login").Dialog("Flight Reservations").WinButton("确定").Click
20:  Dialog("Login").WinButton("Cancel").Click
21: else
22: reporter.ReportEvent micFail,"错误页面不存在","用户名和密码正确"
23: '不存在错误提示窗口
24: Window("Flight Reservation").Close
25: end if
26:  datatable.SetNextRow
27:    systemutil.Run "C:\Program Files\HP\QuickTest Professional\samples\flight\app\flight4a.exe"
28: Next
29:  Dialog("Login").WinButton("Cancel").Click
30:
```

图 6.10　循环读取 Data Table 的所有数据

4．订票实例

订票实例的前提是登录订票系统成功。该实例是在订票系统中进行订票操作：输入航班日期、选择起飞地、选择目的地、选择航班、输入顾客姓名、输入票的张数、选择航班级别、单击“订票系统”按钮，出现如图 6.11 所示的界面。

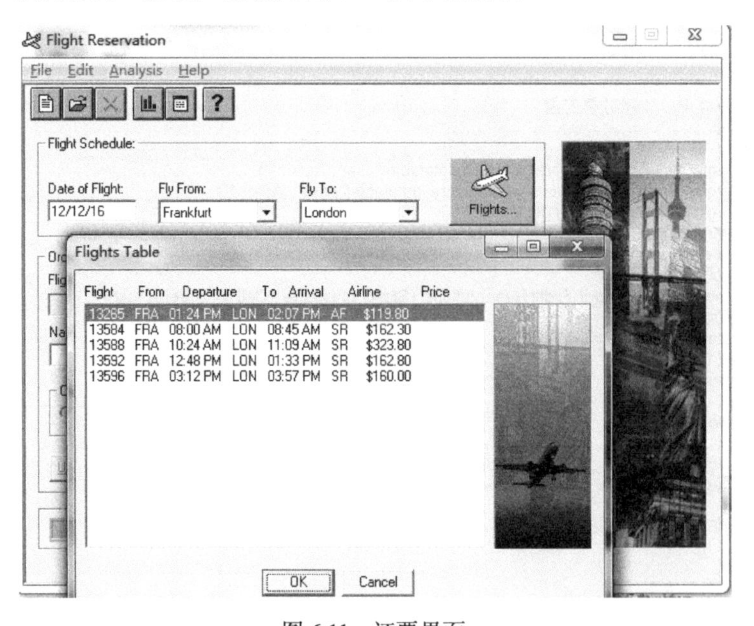

图 6.11　订票界面

随机选择出发城市、到达城市、航班信息，代码如下：

```
Dialog("Login").WinEdit("Agent Name:").Set "mercury" '输入用户名
Dialog("Login").WinEdit("Password:").Set "mercury" '输入密码
Dialog("Login").WinButton("OK").Click '单击【OK】登录系统
wait 5
Window("Flight Reservation").ActiveX("MaskEdBox").Type "121216"  '输入日期
Set wcbfrom = Window("Flight Reservation").WinComboBox("Fly From:") '简化 fly from 对象，重命名为 wcbfrom
Set wcbto = Window("Flight Reservation").WinComboBox("Fly To:") '简化 fly to 对象，重命名为 wcbto
'*************************************************************************'设置出发城市的随机数，并赋予城市值
```

第一种方法：

```
'wcbfromcount = wcbfrom.GetItemsCount '获取 fly from 对象的出发城市的总数
'randfromwcb = randomnumber.Value(1,wcbfromcount) '设置 fly from 对象的随机值，便于选择出发城市
'fromcity = wcbfrom.GetItem(randfromwcb) '获取出发城市名称，赋给 fromcity 变量
'wcbfrom.Select fromcity '选择 fromcity
'*************************************************************************
'设置到达城市的随机数，并赋予城市值
wcbtocount = wcbto.GetItemsCount '获取 fly to 对象的到达城市的总数
randtowcb = randomnumber.Value(0,wcbtocount-1) '设置 fly to 对象的随机值，便于选择到达城市
tocity = wcbto.GetItem(randtowcb)'获取到达城市名称，赋给 tocity 变量
wcbto.Select tocity '选择 tocity
'*************************************************************************
Window("Flight Reservation").WinButton("FLIGHT").Click '查找航班数据
'*************************************************************************'获取航班数据信息，并随机选择
Set wl = Window("Flight Reservation").Dialog("Flights Table").WinList("From") '简化航班显示列表的名称
wlcount = wl.GetItemsCount '获取航班总数
If wlcount=0 Then '判断是否有航班信息，如果有，则进行机票预订，如果没有，则输出警告信息
reporter.ReportEvent micWarning,"航班选择测试",fromcity&"到"&tocity&"无航班信息"
else
```

```
    '****************************************************************************
*******
        '随机选择航班信息
            randwl = randomnumber.Value(0,wlcount-1)
            wlcontent = wl.GetItem(randwl)
            'msgbox wlcontent
            wl.Select wlcontent
            datatable("wlcontent","Action1") = wlcontent
            Window("Flight  Reservation").Dialog("Flights  Table").WinButton
("OK").Click
    '****************************************************************************
*******
    '****************************************************************************
*******'获取 flight no 对象的 text 值，用于检查与所选航班班次是否相同
            flightno =window("Flight Reservation").WinEdit("Flight No:").Get
ROProperty("text")
            If  GetString(wlcontent) = flightno then  '调用 GetString 函数读取文
本中的第一段数据信息与 flight no 进行比较
                    msgbox "ok"
            else
                msgbox "fail"
            end if
            Window("Flight Reservation").WinEdit("Name:").Set "test"
            Window("Flight Reservation").WinButton("Insert Order").Click
            Window("Flight Reservation").Close
        End If
        Function GetString(sourcestring)
            Dim  MyArray
            MyArray = Split(sourcestring, "   ", -1, 1)
            GetString = MyArray(0)
        End Function
```

第二种方法：

```
        Dim n,RN
        n=wcbfrom.GetROProperty("items count")'获得下拉框选项个数
        RN=randomnumber(0,n-1) 'QTP 特有的随机函数
        'fromcity=wcbfrom.GetItem(RN)
        wcbfrom.Select RN  '用序号来选择
```

5. 判断订票是否成功

判断订票是否成功，可以结合对象识别器、文本值进行判断。下面详细介绍两种方法，结合对象识别器判断。

（1）根据“Update Order”按钮判断

选择 Tools→Object Spy→单击[☞]按钮→选择 Update 对象，如图 6.12 所示。

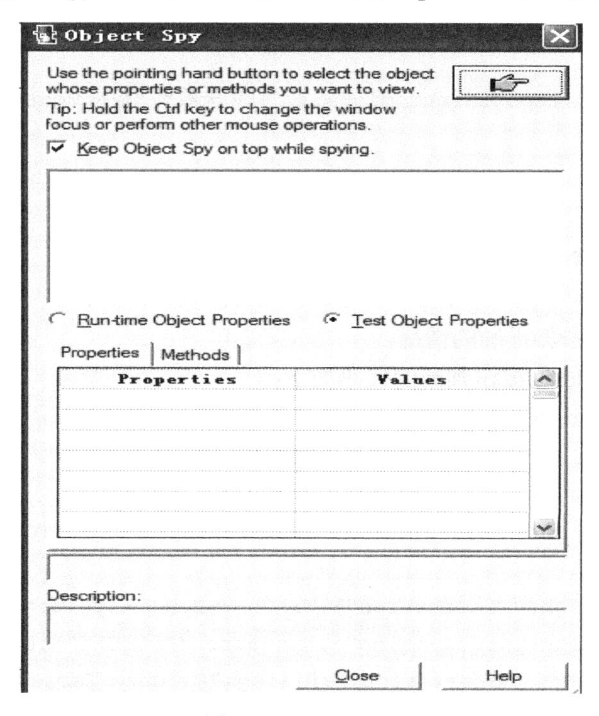

图 6.12 Object Spy

然后，在仓库中添加正确的情况。

根据“Update Order”按钮判断的代码如下：

```
        Window("Flight Reservation").Move 535,283
        Window("Flight Reservation").WinObject("Date of Flight:").Type "1212
31"
        Window("Flight Reservation").WinComboBox("Fly From:").Select "Frankfu
rt"
        Window("Flight Reservation").WinComboBox("Fly To:").Select "London"
        Window("Flight Reservation").WinButton("FLIGHT").Click
        Window("Flight Reservation").Dialog("Flights Table").WinList("From").
elect"13536   FRA   08:00 AM   LON   08:45 AM   SR    $163.00"
        Window("Flight  Reservation").Dialog("Flights  Table").inButton"OK").
lick
        Window("Flight Reservation").WinEdit("Name:").Set "qwe"
        Window("Flight Reservation").WinRadioButton("First").Set
        Window("Flight Reservation").WinButton("Insert Order").Click
        Window("Flight Reservation").Activate
        Dim Update_Order_Enable
        Update_Order_Enable=Window("Flight Reservation").WinButton("Update Or
der").etROProperty("enabled")
        If Update_Order_Enable=true Then
```

```
            Reporter.ReportEvent micPass,"订票成功","根据 Update_Order 按钮判断订票
成功"
         else
            Reporter.ReportEvent micFail,"订票失败","根据 Update_Order 按钮判断订票
失败"
         End If
```

（2）根据“Delete Order”按钮判断

选择 Tools→object Spy→单击[按钮图标]按钮→选择 Delete 对象。

然后，在仓库中添加正确的情况。

根据“Delete Order”按钮判断的代码如下：

```
         Window("Flight Reservation").Move 535,283
         Window("Flight Reservation").WinObject("Date of Flight:").Type "1212
31"
         Window("Flight Reservation").WinComboBox("Fly From:").Select "Frank
furt"
         Window("Flight Reservation").WinComboBox("Fly To:").Select "London"
         Window("Flight Reservation").WinButton("FLIGHT").Click
         Window("Flight Reservation").Dialog("Flights Table"). WinList("From").
Select "13536   FRA   08:00 AM   LON   08:45 AM   SR    $163.00"
         Window("Flight Reservation").Dialog("Flights Table").WinButton ("OK").
Click
         Window("Flight Reservation").WinEdit("Name:").Set "qwe"
         Window("Flight Reservation").WinRadioButton("First").Set
         Window("Flight Reservation").WinButton("Insert Order").Click
         Window("Flight Reservation").Activate

         Dim Delete_Order_Enable
         Delete_Order_Enable=Window("Flight Reservation").WinButton("Delete Or
der").GetROProperty("enabled")
         If Delete_Order_Enable=true Then
            Reporter.ReportEvent micPass,"订票成功","根据 Delete Order 按钮判断订票
成功"
         else
            Reporter.ReportEvent micFail,"订票失败","根据 Delete Order 按钮判断订票
失败"
         End If
```

（3）根据“Insert Done”按钮判断

选择 Tools→Object Spy→单击[按钮图标]按钮→选择 Insert Done 对象。

然后，在仓库中添加正确的情况，如图 6.13 所示。

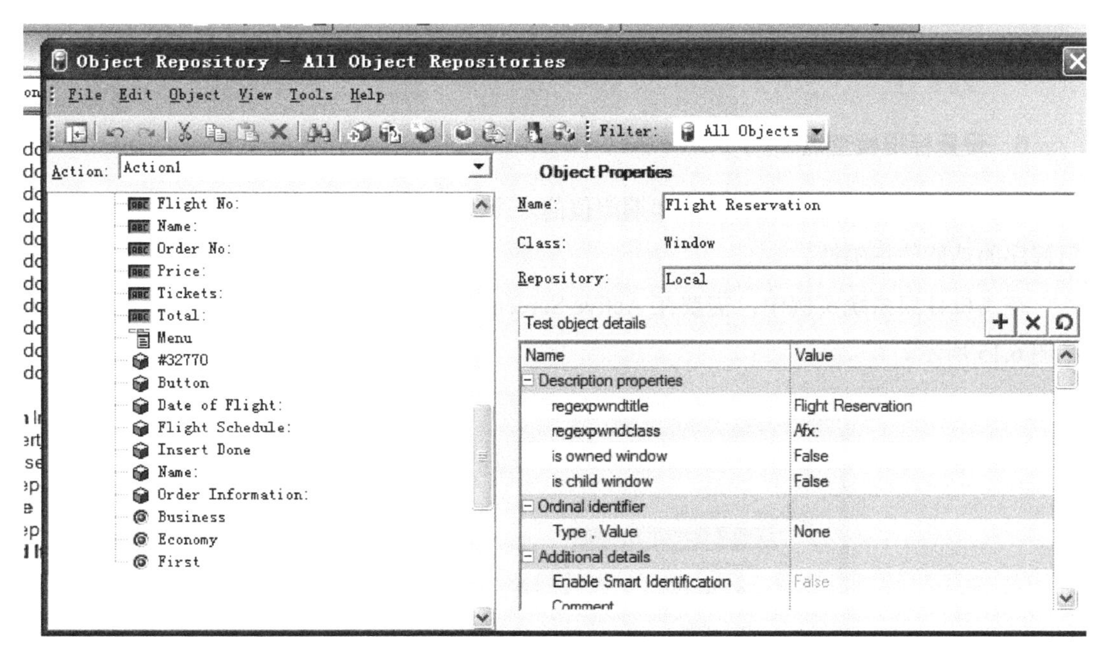

图 6.13 添加对象

根据“Insert Done”按钮判断的代码如下：

```
        Window("Flight Reservation").Move 535,283
        Window("Flight Reservation").WinObject("Date of Flight:").Type "1212
31"
        Window("Flight Reservation").WinComboBox("Fly From:").Select "Frankfu
rt"
        Window("Flight Reservation").WinComboBox("Fly To:").Select "London"
        Window("Flight Reservation").WinButton("FLIGHT").Click
        Window("Flight Reservation").Dialog("Flights Table").WinList("From").
Select "13536   FRA   08:00 AM   LON   08:45 AM   SR    $163.00"
        Window("Flight Reservation").Dialog("Flights Table").WinButton ("OK").
Click
        Window("Flight Reservation").WinEdit("Name:").Set "qwe"
        Window("Flight Reservation").WinRadioButton("First").Set
        Window("Flight Reservation").WinButton("Insert Order").Click
        Window("Flight Reservation").Activate
        Dim Insert_Done_Exist
         Insert_Done_Exist=Window("Flight Reservation").WinObject("Insert Don
e").Exist
        If  Insert_Done_Exist=true Then
          Reporter.ReportEvent micPass,"订票成功","根据 Insert Done 对象存在判断订
票成功"
        else
          Reporter.ReportEvent micFail,"订票失败","根据 Insert Done 对象不存在判断
```

```
订票失败"
        End If
```

6. 设置标准检查点

检查点是比较指定属性当前值和期望值的一个验证点。检查点能够帮助识别网站或应用程序的功能的正确性。

在飞机订票系统实例中，需要在 Active Screen 中单击右键添加各种检查点，如图 6.14 和图 6.15 所示。

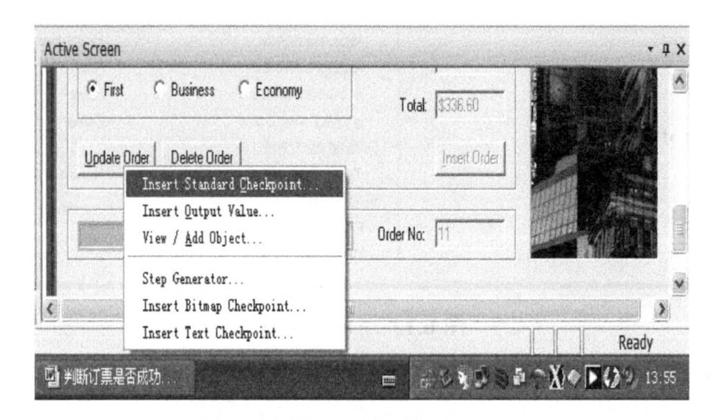

图 6.14　选择对象

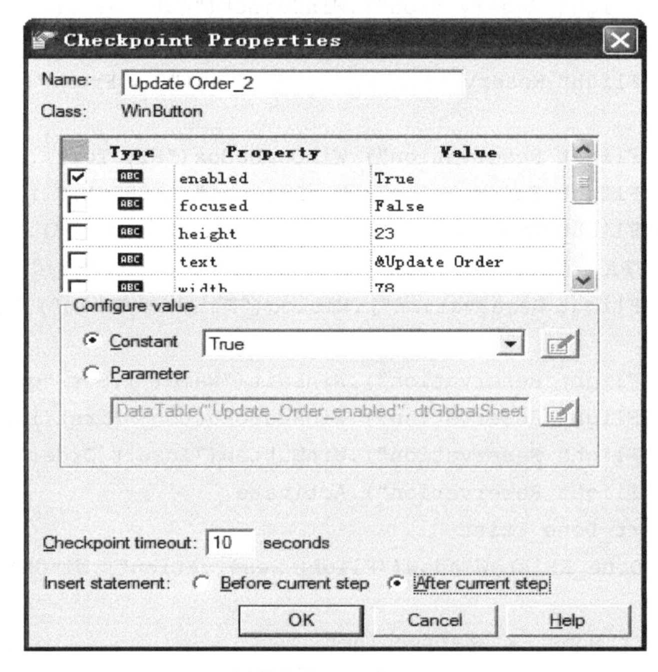

图 6.15　设置检查点

单击 OK 按钮出现如图 6.16 所示的代码：比录制的代码多一行。

```
Action1
1:
2: '做了输出检查点和标准检查点
3: Dialog("Login").Check CheckPoint("Login")
4: Dialog("Login").WinEdit("Agent Name:").Set "mercury"
5: Dialog("Login").WinEdit("Password:").SetSecure "554820621f32d63d626286ca36e61161d6b0f27c"
6:
7: Dim dd
8: dd=Dialog("Login").Check( CheckPoint("Login"))
9: If dd=true Then
10:   msgbox "检查点执行成功"
11:   else
12:     msgbox "检查点执行不成功"
13: End If
14: Dialog("Login").WinButton("OK").Click
15: wait 5
16: Window("Flight Reservation").ActiveX("MaskEdBox").Type DataTable("time", dtLocalSheet)
17: Window("Flight Reservation").WinComboBox("Fly From:").Select DataTable("fromC", dtLocalSheet)
18: Window("Flight Reservation").WinComboBox("Fly To:").Select DataTable("ariC", dtLocalSheet)
19: '标准检查点
20: Window("Flight Reservation").Check CheckPoint("Flight Reservation")
21: Window("Flight Reservation").WinButton("FLIGHT").Click
22: Window("Flight Reservation").Dialog("Flights Table").WinList("From").Select "20256   DEN   11:12 AM   LON   06:23 PM   AA    $112.20"
23: Window("Flight Reservation").Dialog("Flights Table").WinButton("OK").Click
24: Window("Flight Reservation").WinEdit("Name:").Set "aa"
25: Window("Flight Reservation").WinButton("Insert Order").Click
26: '输出检查点
27: Window("Flight Reservation").WinEdit("Flight No:").Output CheckPoint("Flight No:")
28: Window("Flight Reservation").WinEdit("Order No:").Output CheckPoint("Order No:")
29: Window("Flight Reservation").Static("Date of Flight:").Check CheckPoint("Date of Flight:")
30: Window("Flight Reservation").Close
```

图 6.16　录制截图

代码如下。

'做了输出检查点和标准检查点：

```
    Dialog("Login").Check CheckPoint("Login")
    Dialog("Login").WinEdit("Agent Name:").Set "mercury"
    Dialog("Login").WinEdit("Password:").SetSecure"554820621f32d63d62628
6ca36e61161d6b0f27c"
    Dim dd
    dd=Dialog("Login").Check( CheckPoint("Login"))
    If dd=true Then
       msgbox "检查点执行成功"
       else
          msgbox "检查点执行不成功"
    End If
    Dialog("Login").WinButton("OK").Click
    wait 5
    Window("Flight  Reservation").ActiveX("MaskEdBox").Type  DataTable
("time", dtLocalSheet)
    Window("Flight Reservation").WinComboBox("Fly From:").Select DataTabl
e("fromC", dtLocalSheet)
    Window("Flight Reservation").WinComboBox("Fly To:").Select DataTabl
e("ariC", dtLocalSheet)
```

'标准检查点：

```
    Window("Flight Reservation").Check CheckPoint("Flight Reservation")
    Window("Flight Reservation").WinButton("FLIGHT").Click
```

```
        Window("Flight  Reservation").Dialog("Flights  Table").WinList("Fro
m").Select "20256  DEN  11:12 AM  LON  06:23 PM  AA   $112.20"
        Window("Flight Reservation").Dialog("Flights Table").WinButton("OK").
Click
        Window("Flight Reservation").WinEdit("Name:").Set "aa"
        Window("Flight Reservation").WinButton("Insert Order").Click
```

'输出检查点：

```
        Window("Flight Reservation").WinEdit("Flight No:").Output CheckPoint
("Flight No:")
        Window("Flight Reservation").WinEdit("Order No:").Output CheckPoint
("Order No:")
        Window("Flight Reservation").Static("Date of Flight:").Check Check
Point("Date of Flight:")
        Window("Flight Reservation").Close
```

6.4.4 案例总结

经过 QTP 对飞机程序进行自动化测试，充分节约人力资源，经历了录制-增强代码，实现自己想要的测试方式。

习题与思考

1．集成测试的重点是什么？

2．集成测试的原则有哪些？

3．有哪些具体的集成测试策略？

4．比较自顶向下集成测试方法与自底向上集成测试方法的优、缺点。

5．分别用自顶向下集成、自底向上集成、三明治集成方法对图 6.17 中的模块进行集成测试。

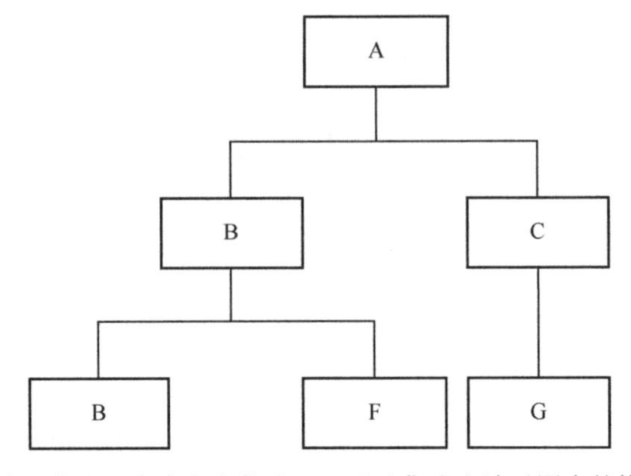

图 6.17　用自顶向下集成、自底向上集成、三明治集成方法对图中的模块进行集成测试

第 7 章 系统测试

由于软件只是计算机系统中的一个组成部分，软件开发完成后，还要与系统中的其他部分结合起来才能运行。所以在整个系统投入运行之前，要对系统的各个部分进行组装和确认测试。也就是说，在各个部分都能够正常运行的前提下，确保它们在实际运行的软件、硬件环境下也能够相互配合，正常工作。此时，系统地对各个部分进行测试就显得尤为重要。

7.1 系统测试的概念

在测试的三个级别中，系统测试是最接近日常测试实践的。系统测试的根本任务除了要证明被测试系统的功能和结构的稳定性外，还要有一些非功能测试，如性能测试、压力测试等。最终的目的是为了确保软件产品能够被用户或操作者接受。在实际软件项目的开发中，系统测试常常不是十分正式，测试的主要目标不再是找出缺陷，而是证明其性能。很多软件公司，尤其是中小型软件公司经常在产品交付日期截止之前压缩系统测试的时间，这种做法是不正确的。应该把系统测试看成将产品提交给用户之前的最后一道防线，给予足够的重视。

系统测试属于黑盒测试范畴，不再对软件的源代码进行分析和测试。本章主要从以下几个方面来介绍系统测试的知识：功能测试、性能测试、压力测试、容量测试、安全性测试等。

7.2 系统测试内容

由组件、模块或构件集成为一个完整的系统之后，对软件系统进行测试，称为系统测试。但是，为了将功能测试、UI 测试等区分开来，系统测试特指那些针对软件非功能特性而进行的测试，也就是说，系统测试是验证软件系统的非功能特性。

要理解系统测试，首先需要了解软件系统的非功能特性。那么，软件有哪些非功能特性呢？用户的需求可以分为功能性需求和非功能性需求，而这些非功能性需求被归纳为软件产品的各种质量特性，如安全性、兼容性和可靠性等。如果系统只是满足了用户的功能性需求，而没有满足非功能性需求，其最终结果是用户对产品还是不满意、缺乏信心，甚至决定以后不会使用这样的产品。例如，某个网站功能齐全，但是不够稳定，有时能访问，有时不能访问，而且每打开一个页面都需要几分钟。用户绝不会忍受这种不稳定、低性能的系统，即使功能很强，用户也不愿意访问这个网站。

系统测试就是针对这些非功能特性展开的，就是验证软件产品符合这些质量特性的要求，从而满足用户和软件企业自身的非功能性需求。所以，系统测试分为功能测试、性能测试、容量测试等、安全性测试等。

7.2.1　功能测试

功能测试属于黑盒测试技术范畴，是系统测试中要进行的最基本的测试。它不用考虑软件内部的具体实现过程，主要是根据产品的需求规格说明书和测试需求列表，验证产品是否符合产品的需求规格。所以，要求执行功能测试的人员对被测试系统的需求文档、规格说明和产品的业务功能十分熟悉，同时掌握一定的测试用例设计方法。除此之外，测试人员还需要了解相关的行业知识，还要对测试过程中的细节问题有所理解。只有达到了这样的要求，测试人员才能够设计出好的测试方案和测试用例，高效地进行功能测试，在测试过程中发现被测系统中的错误功能或者纰漏功能，有效地验证所开发的系统是否达到了客户的要求，检查所开发的系统是否能按说明正常工作。

7.2.2　性能测试

性能测试的英文是 Performance Testing。通常验证软件的性能在正常环境和系统条件下重复使用是否还能满足性能指标。或者执行同样任务时，新版本不比旧版本慢。一般还检查系统记忆容量在运行程序时会不会流失。比如，验证程序保存一个巨大的文件新版本不比旧版本慢。

对于应用软件，性能是其质量的一个非常重要的组成部分。作为解决软件性能问题的重要手段，性能测试已经广为人们所熟悉，并受到很高的关注。一般而言，性能测试都是在项目的后期才开展，被测试的对象通常是已经具备一定稳定性的产品。而实际上，性能测试应贯穿于整个软件生命周期中，和功能测试一样，软件性能测试也分为几个阶段。

不论哪种软件生命周期模型，需求分析、设计、编码、测试和运行维护这几个阶段都是其中的基本要素，只是在不同的软件生命周期模型中可能迭代、合并、拆分或重组这几个阶段，在此不做过多的描述。与其他几个阶段相对应，测试从软件开发过程按阶段可以划分为单元测试、集成测试、系统测试，在其他的书上可能还能见到确认测试、验收测试等名词，但是前三种测试确实是最基本的测试活动，而其他的测试活动只是在某些软件开发过程中才会发生。

值得注意的是，通常在谈论单元测试、集成测试和系统测试时，其实仅仅谈论的是不同阶段的功能测试；而当讨论软件性能测试时，绝大多数的情况是，对一个已经开发完毕或基本开发完毕的软件，测试人员用一种或几种软件性能测试工具，以尽量模拟真实用户行为的方式进行并发操作，收集并比较不同场景的结果，然后对软件的性能进行分析，这个活动通常发生在系统测试阶段，甚至更往后的阶段，如运行维护阶段。

7.2.3　压力测试

压力测试是一种基本的质量保证行为，它是每个重要软件测试工作的一部分。软件压力测试的基本思路很简单：不是在常规条件下运行手动或自动测试，而是在计算机数量较少或系统资源匮乏的条件下运行测试。通常要进行软件压力测试的资源包括内部内存、CPU 可用性、磁盘空间和网络带宽。

压力测试的目的：需要了解 AUT（被测应用程序）一般能够承受的压力，同时能够承受的用户访问量（容量），最多支持多少个用户同时访问某个功能。在 AUT 中选择了用户最常用的五个功能作为本次测试的内容，包括登录。

7.2.4　容量测试

通过性能测试，如果找到了系统的极限或苛刻的环境中系统的性能表现，在一定的程度上，就完成了负载测试和容量测试。容量还可以看成系统性能指标中一个特定环境下的一个特定性能指标，即设定的界限或极限值。

容量测试的目的是，通过测试预先分析出反映软件系统应用特征的某项指标的极限值（如最大并发用户数、数据库记录数等），系统在其极限状态下没有出现任何软件故障或还能保持主要功能正常运行。容量测试还将确定测试对象在给定时间内能够持续处理的最大负载或工作量。软件容量的测试能让软件开发商或用户了解该软件系统的承载能力或提供服务的能力，如某个电子商务网站所能承受的、同时进行交易或结算的在线用户数。知道了系统的实际容量，如不能满足设计要求，就应该寻求新的技术解决方案，以提高系统的容量。有了对软件负载的准确预测，不仅能对软件系统在实际使用中的性能状况充满信心，同时也可以帮助用户经济地规划应用系统，优化系统的部署。

7.2.5　安全性测试

1. 定义

一般来说，对安全性要求不高的软件，其安全性测试可以混在单元测试、集成测试、系统测试里一起做。但对安全性有较高需求的软件，则必须做专门的安全性测试，以便在软件被破坏之前识别出软件的安全性方面的漏洞，规避更加严重的安全性问题。

安全性测试（Security Testing）是指有关验证应用程序的安全等级和识别潜在安全性缺陷的过程。应用程序级安全测试的主要目的是，查找软件自身程序设计中存在的安全隐患，并检查应用程序对非法侵入的防范能力，根据安全指标不同，其测试策略也不同。注意：安全性测试并不能最终证明应用程序是安全的，而是用于验证所设立策略的有效性， 这些对策是基于威胁分析阶段所做的假设而选择的。例如，测试应用软件在防止非授权的内部或外部用户的访问或故意破坏等情况时的运作。

2. 软件安全性测试过程

（1）安全性测试方法。

有许多的测试手段可以进行安全性测试，目前，安全性测试方法主要有以下三种。

① 静态的源代码安全测试：主要通过对源代码进行安全扫描，根据程序中数据流、控制流、语义等信息与其特有软件安全规则库进行匹对，从中找出代码中潜在的安全漏洞。静态的源代码安全测试是非常有用的方法，它可以在编码阶段找出所有可能存在安全风险的代码，这样开发人员可以在早期解决潜在的安全问题。而正因为如此，静态的源代码安全测试比较适用于早期的代码开发阶段，而不是测试阶段。

② 动态的渗透测试：渗透测试也是常用的安全测试方法。是使用自动化工具或者人工的方法模拟黑客的输入，对应用系统进行攻击性测试，从中找出运行时刻所存在的安全漏洞。这种测试的特点就是真实有效，一般找出来的问题都是正确的，也是较为严重的。但是，渗透测试的一个致命缺点是，模拟的测试数据只能到达有限的测试点，覆盖率很低。

③ 程序数据扫描。一个有高安全性需求的软件， 在运行过程中，数据是不能遭到破坏的，否则就会导致缓冲区溢出类型的攻击。数据扫描的手段通常是进行内存测试，内存测试可以发现许多缓冲区溢出之类的漏洞，而这类漏洞使用除此之外的测试手段都难以发现。例如，对软件运行时的内存信息进行扫描，看是否存在一些导致隐患的信息，当然这需要专门的工具来进行验证，手工做是比较困难的。

（2）反向安全性测试过程。

大部分软件的安全测试都是依据缺陷空间反向设计原则来进行的，即事先检查哪些地方可能存在安全隐患，然后针对这些可能的隐患进行测试。因此，反向测试过程是从缺陷空间出发，建立缺陷威胁模型，通过威胁模型来寻找入侵点，对入侵点进行已知漏洞的扫描测试。其好处是可以对已知的缺陷进行分析，避免软件里存在已知类型的缺陷，但是对未知的攻击手段和方法通常会无能为力。

① 建立缺陷威胁模型。建立缺陷威胁模型主要是从已知的安全漏洞入手，检查软件中是否存在已知的漏洞。建立威胁模型时，需要先确定软件牵涉到哪些专业领域，再根据各个专业领域所遇到的攻击手段来进行建模。

② 寻找和扫描入侵点。检查威胁模型里的哪些缺陷可能在本软件中发生，再将可能发生的威胁纳入入侵点矩阵进行管理。如果有成熟的漏洞扫描工具，那么直接使用漏洞扫描工具进行扫描，然后将发现的可疑问题纳入入侵点矩阵进行管理。

③ 入侵矩阵的验证测试。创建好入侵矩阵后，就可以针对入侵矩阵的具体条目设计对应的测试用例，然后进行测试验证。

（3）正向安全性测试过程。

为了规避反向设计原则所带来的测试不完备性，需要用一种正向的测试方法来对软件进行比较完备的测试，使测试过的软件能够预防未知的攻击手段和方法。

① 先标识测试空间。对测试空间的所有的可变数据进行标识，由于进行安全性测试的代价高昂，其中要重点对外部输入层进行标识。例如，需求分析、概要设计、详细设计、

编码这几个阶段都要对测试空间进行标识，并建立测试空间跟踪矩阵。

② 精确定义设计空间。重点审查需求中对设计空间是否有明确定义，和需求牵涉到的数据是否都标识出了它的合法取值范围。在这个步骤中，最需要注意的是精确二字，要严格按照安全性原则来对设计空间做精确的定义。

③ 标识安全隐患。根据找出的测试空间、设计空间以及它们之间的转换规则，标识出哪些测试空间和哪些转换规则可能存在安全隐患。例如，测试空间越复杂，即测试空间划分越复杂或可变数据组合关系越多，越不安全。另外，转换规则越复杂，则出问题的可能性也越大，这些都属于安全隐患。

④ 建立和验证入侵矩阵。安全隐患标识完成后，就可以根据标识出来的安全隐患建立入侵矩阵。列出潜在安全隐患，标识出存在潜在安全隐患的可变数据，和标识出安全隐患的等级。其中对于那些安全隐患等级高的可变数据，必须进行详尽的测试用例设计。

（4）正向和反向测试的区别。

正向测试过程是以测试空间为依据寻找缺陷和漏洞，反向测试过程则是以已知的缺陷空间为依据去寻找软件中是否会发生同样的缺陷和漏洞，两者各有其优缺点。反向测试过程的一个主要优点是成本较低，只要验证已知的可能发生的缺陷即可，但缺点是测试不完善，无法将测试空间覆盖完整，无法发现未知的攻击手段。正向测试过程的优点是测试比较充分，但工作量相对来说较大。因此，对安全性要求较低的软件，一般按反向测试过程来测试即可；对于安全性要求较高的软件，应以正向测试过程为主、反向测试过程为辅。

7.2.6　界面测试

界面是软件与用户交互的最直接的层，界面的好坏决定用户对软件的第一印象。而且，设计良好的界面能够引导用户自己完成相应的操作，起到向导的作用。同时，界面如同人的面孔，具有吸引用户的直接优势。设计合理的界面能给用户带来轻松愉悦的感受和成功的感觉。相反，由于界面设计的失败，让用户有挫败感，再实用强大的功能都可能在用户的畏惧与放弃中付诸东流。目前，界面的设计引起软件设计人员的重视的程度还远远不够，直到最近网页制作的兴起，才受到专家的青睐。而且，设计良好的界面由于需要具有艺术美的天赋而遭拒绝。

（1）目的：通过用户界面（UI）测试来核实用户与软件的交互。UI 测试的目标在于确保用户界面向用户提供了适当的访问和浏览测试对象功能的操作。除此之外，UI 测试还要确保 UI 功能内部的对象符合预期要求，并遵循公司或行业的标准。

（2）分类：导航测试、图形测试、内容测试、表格测试、整体界面测试。

7.2.7　安装和卸载测试

1. 定义

安装测试（Installing Testing），确保该软件在正常情况和异常情况的不同条件下，如进行首次安装、升级、完整的或自定义的安装都能进行安装。异常情况包括磁盘空间不足、缺少目录创建权限等。核实软件在安装后可立即正常运行。安装测试包括测试安装代码以及安装手册。安装手册提供如何进行安装，安装代码提供安装一些程序能够运行的基础数据。通常，测试伴随安装的整个过程。

卸载测试（Uninstall Testing）是对软件的全部、部分或升级卸载处理过程的测试。主要是测试软件能否卸载，卸载是否干净，对系统有无更改，对系统中的残留与后来生成的文件如何处理等。另外，原来更改的系统值能否修改回去。

2．测试流程与方法

1）安装测试

（1）GUI 测试：安装过程中所有的界面显示、提示信息等是否正确。

（2）兼容性测试：在不同的操作系统中，不同配置的主机上能否正常安装。

（3）安装路径测试（在软件不能自动安装的情况下）：软件默认路径安装（一般是当前系统盘）；自定义路径安装：默认路径安装；手动输入路径（包括存在的和不存在的路径）安装；包含特殊字符的路径安装；中文路径或者中英文路径安装；包含空格、下画线等合法路径安装；不同硬盘格式分区（FAT16，FAT32，NTFS）路径上安装；网络路径、移动设备、虚拟机等安装路径安装；小于软件安装所需的磁盘空间路径上安装等。

（4）不同安装环境下测试：包括没安装过的系统；已安装过老版本（系统正在使用，系统未使用）；已安装最新版本；卸载后重新安装；重复安装；多次安装；修改安装；修复安装（完好软件和有部分文件受损的软件）；在未达到最低硬件配置下安装等。

（5）测试各种不同的安装组合，并验证各种不同组合的正确性（包括参数组合、控件执行顺序组合、产品安装组件组合、产品组件安装顺序组合等）。例如，测试在安装 CS 客户端前先安装服务器、在安装 CS 客户端后再安装服务器这两种组合，对 CS 客户端的安装是否有影响。

（6）异常情况下安装测试：安装过程中取消；安装过程中关机/断电；系统进入待机、休眠等状态；数据库终止；网络终止等。

（7）至少要在一台笔记本上进行安装/卸载测试，因为有很多产品在笔记本中会出现问题，尤其是系统级的产品。

（8）安装后测试项：安装后能否产生正确的目录结构和文件，文件属性正确；安装后动态库，是否正确；安装后有没有生成多余的目录结构、文件、注册表信息、快捷方式等；桌面是否有快捷方式，“程序”列表是否有启动和卸载选项，安装目录是否为安装时设置的路径，安装后的程序能否正常启动；安装成功后是否会对其他常用软件有影响等。

2）卸载测试

（1）GUI 测试：卸载过程中界面显示，提示信息是否正常等。

（2）兼容性测试：在不同的操作系统、不同配置的主机上能否正常卸载等。

（3）通过不同方式能否正常卸载：控制面板中卸载；安装包卸载；程序自带程序卸载；第三方卸载工具卸载（360，优化大师，Revo Uninstaller 等）。

（4）异常情况下卸载测试：卸载过程中取消；卸载过程中关机/断电系统进入待机、休眠等状态；数据库终止；网络终止；程序在运行/暂停/终止等状态时的卸载；多次卸载等。

（5）在可以选择组件卸载的情况下，测试各种不同的卸载组合，并验证各种不同组合的正确性（包括参数组合、控件执行顺序组合、产品卸载组件组合、产品组件卸载顺序组合等）。

（6）卸载后测试项：是否删除了全部的文件：安装目录里的文件及文件夹，非安装目录（向系统其他地方添加的文件及文件夹），包括 exe、dll、配置文件等；是否同步去除了快捷方式——桌面、菜单、任务栏、系统栏、控件面板、系统服务列表等；复原方面——卸载后，系统能否恢复到软件安装前的状态（包含目录结构、动态库、注册表、系统配置文件、驱动程序、关联情况等）；卸载后是否对其他的应用程序造成不正常影响（如操作系统、常用应用软件等）等。

7.3 案例分析：Discuz 论坛系统测试

7.3.1 学习目标

（1）掌握软件系统性能指标的分析。

（2）理解负载测试的实施过程。

7.3.2 案例要求

对 Discuz 论坛系统进行性能测试分析。

7.3.3 案例实施

从广泛意义上讲，性能测试包括压力测试、负载测试、强度测试、并发用户测试、大数据量测试、配置测试、可靠性测试等。在不同应用系统的性能测试中，需要根据应用系统的特点和测试目的的不同来选择具体的测试方案。本次 Discuz 论坛系统的性能测试主要是采用通常的压力测试模式来执行的，即逐步增加压力，查看应用系统在各种压力状况下的性能表现。

在本次性能测试中，主要使用的测试工具是 Loadrunner11.0，对测试应用的系统进行监控，判断该系统的性能是否达到预定的需求，分析该系统是否存在瓶颈及产生瓶颈的原因。

1. 压力测试

在性能测试中，压力测试主要是为了获取系统在较大压力状况下的性能表现而设计并实现的，压力测试主要获取系统的性能瓶颈和系统的最大吞吐率。

1）压力测试概述

本次压力测试是指针对现行的Discuz论坛系统的测试，检验系统的吞吐率。本系统的压力测试主要是针对并发用户，检查在日间交易高峰时期，并发用户数较多时的处理能力等。

2）测试目的

压力测试的目的是检验系统的最大吞吐量，检验现行的Discuz论坛系统运行状况，检验系统的运行瓶颈，获取系统的处理能力等。

本次针对Discuz论坛系统所进行的压力测试的目的如下。

- 给出Discuz论坛系统的当前性能状况。
- 定位系统性能瓶颈或潜在性能瓶颈。
- 总结一套合理的、可操作的、适合公司现实情况的性能测试方案，为后续的性能测试工作提供基本思路。

3）测试方法及测试用例

使用的性能测试软件为Loadrunner11.0，对现行的Discuz论坛系统进行逐步加压和跟踪记录。测试过程中，由Loadrunner11.0的管理平台调用各测试前台，发起各种组合的交易请求，并跟踪记录服务器端的运行情况和返回给客户端的运行结果。

针对每个测试案例，都将采用逐步加压的客户端连接方式进行，查看服务器端在客户端的连接数量变化过程中对应的处理能力。

4）测试指标及期望

在本次性能测试中，各类测试指标包括测试中应该达到的某些性能指标，这些性能指标均是来自应用系统设计开发时遵循的业务需求，当某个测试的某一类指标已经超出了业务需求的要求范围时，则测试已经达到目的，即可终止压力测试。

（1）应用软件级别的测试指标如下。

① 交易类的执行情况。

- 交易的平均响应时间（期望值：<15s）。
- 交易的最大响应时间（期望值：<30s）。
- 平均每秒处理交易数量（分别记录单位时间内成功、失败和停止的交易数量）。
- 交易成功率（期望值：>95%）。

② 测试结果分析情况。

- 单笔记录的处理时间（期望值：<15s）。
- 单位时间内的处理交易笔数（期望值：>10 个）。
- 某个时间段内的交易处理数量。
- 单笔能处理的最大数据量。
- 在每个交易处理中最大（最耗时）的模块。
- 在不同数量的测试数据基础上的上述记录值。

（2）网络级别的测试指标如下。

- 吞吐量：单位时间内网络传输数据量。
- 冲突率：在以太网上监测到的每秒冲突数。

（3）操作系统级别的测试指标如下。

- 进程/线程交换率：进程和线程之间每秒交换次数。
- CPU 利用率：CPU 占用率（%）。
- 系统 CPU 利用率：系统的 CPU 占用率（%）。
- 用户 CPU 利用率：用户模式下的 CPU 占用率（%）。
- 磁盘交换率：磁盘交换速率。
- 中断速率：CPU 每秒处理的中断数。
- 读入内存页速率：物理内存中每秒读入内存页的数目。
- 写出内存页速率：每秒从物理内存中写到页文件中的内存页数目或者从物理内存中删掉的内存页数目。
- 内存页交换速率：每秒写入内存页和从物理内存中读出页的个数。
- 进程入交换率：交换区输入的进程数目。
- 进程出交换率：交换区输出的进程数目。

（4）数据库级别的测试指标如下。

- 数据库的并发连接数：客户端的最大连接数。
- 数据库锁资源的使用数量。

5）运行状况记录

记录可扩展性测试中的测试结果及其系统的运行状况。除了记录测试指标以外，应该结合测试实时记录系统各个层次的资源和参数，主要包括以下内容。

- 硬件环境资源。
- 服务器操作系统参数。
- 网络相关参数。
- 数据库相关参数：具体的数据库参数有所不同，结合各个数据库独有的特点记录。

2. 测试过程及结果

Discuz 论坛系统的性能测试共计执行了 5 次，对 5 次执行的脚本流程做了调整，其他的环境和数据都一样。在测试数据准备完备以后，在 5 次测试中，操作流程为在规定时间内执行不同的并发用户登录操作。

1）测试描述

5 次测试都是在同一天进行的。每次测试都是采用在规定时间内执行并发用户数登录操作，随着并发用户数的增多，交易执行速度越来越慢，交易的偏移量越来越严重，交易的吞吐量也越来越大，交易的响应时间也相对地增加。

2）测试场景

测试中，使用逐步加压的模式，采用在规定时间内增加虚拟并发用户数的方式，即每15s 加载 M 个虚拟用户，共加载 N 个，执行登录，并根据设置的集合点发起交易。

由于测试工具及测试环境的限制，这次测试只能都部署在同一的场景中。运行及测试都在同一台 PC 上，进行 5 次测试，主要目的就是检查在较大压力的情况下，Discuz 论坛系统的性能表现。

选择 1 台 PC，部署 N（N 代表每次不同的并发用户）个左右的并发用户，并运行 Loadrunner11.0 的控制器。

3）测试结果

（1）第一次测试。

第一次测试在每 15s 内增加 2 个虚拟用户，共增加 10 个虚拟用户，所有虚拟用户全部增加后再一起运行 2min，结果如图 7.1 所示。

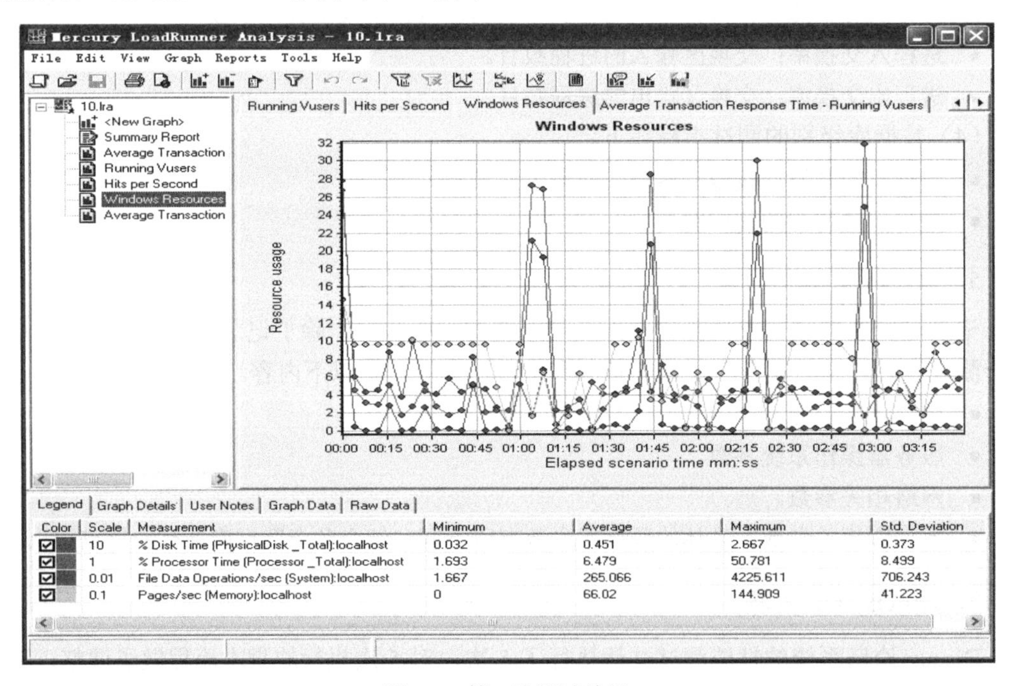

图 7.1　第一次测试结果

第一次测试结果指标如表 7.1 所示。

表 7.1　第一次测试结果指标

性能指标	建议值	当前值（Avg）	说明
CPU（处理器）	<75%	6.479	%Processor Time CPU 使用
Memory（内存）	0～20	66.02	Pages/sec
I/O（磁盘）	无	0.451	%Disk Time

（2）第二次测试。

第二次测试在每 15s 内增加 2 个虚拟用户，共增加 30 个虚拟用户，所有虚拟用户全部增加后再一起运行 2min，测试结果如图 7.2 所示。

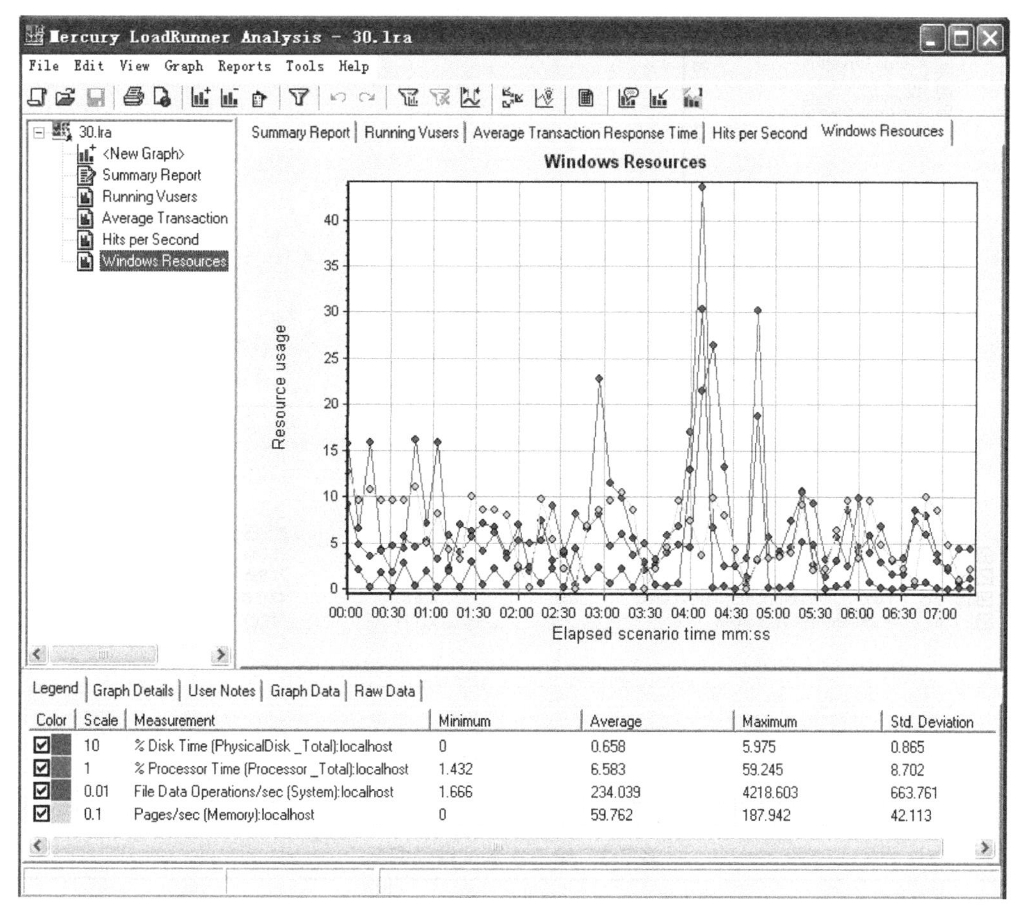

图 7.2　第二次测试结果

第二次测试结果指标如表 7.2 所示。

表 7.2　第二次测试结果指标

性能指标	建议值	当前值（Avg）	说明
CPU（处理器）	<75%	6.583	%Processor Time CPU 使用
Memory（内存）	0～20	59.762	Pages/sec
I/O（磁盘）	无	0.658	%Disk Time

（3）第三次测试。

第三次测试在每 15s 内增加 2 个虚拟用户，共增加 50 个虚拟用户，所有虚拟用户全部增加后再一起运行 2min，测试结果如图 7.3 所示。

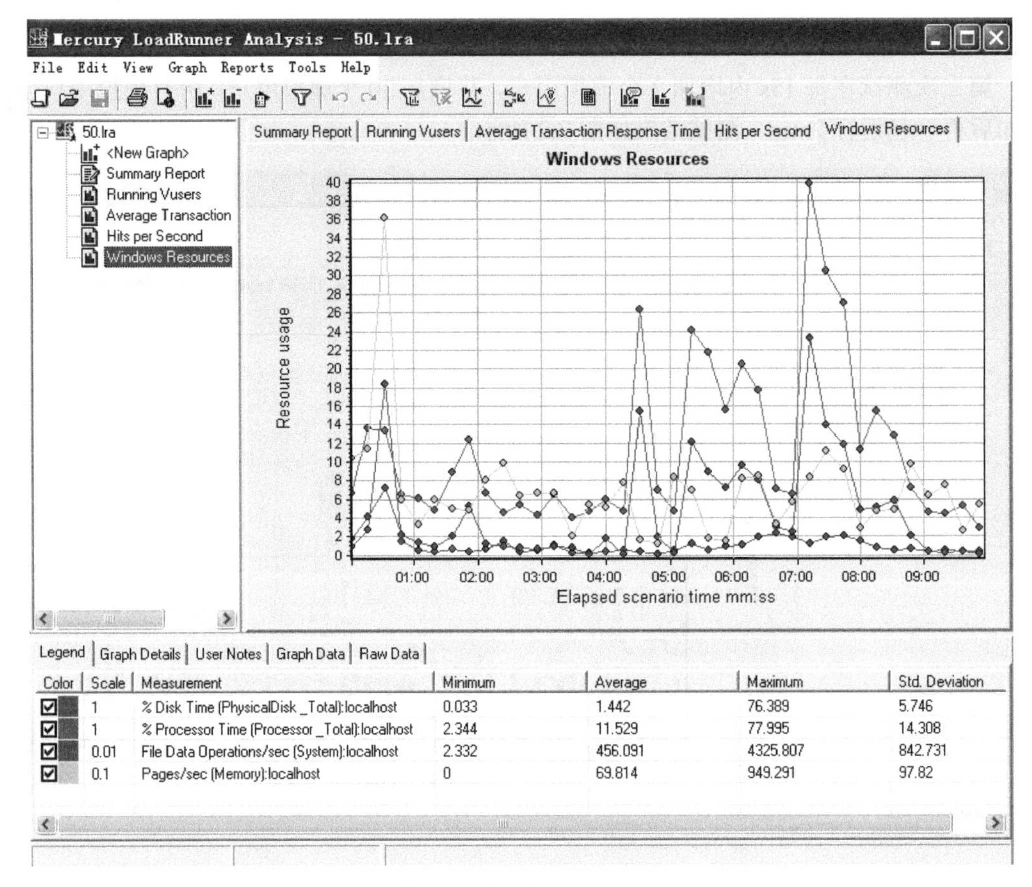

图 7.3　第三次测试结果

第三次测试结果指标如表 7.3 所示。

表 7.3　第三次测试结果指标

性能指标	建议值	当前值（Avg）	说明
CPU（处理器）	<75%	11.529	%Processor Time CPU 使用
Memory（内存）	0～20	69.814	Pages/sec
I/O（磁盘）	无	1.442	%Disk Time

（4）第四次测试。

第四次测试在每 15s 内增加 5 个虚拟用户，共增加 80 个虚拟用户，所有虚拟用户全部增加后再一起运行 2min，测试结果如图 7.4 所示。

第四次测试结果指标如表 7.4 所示。

表 7.4　第四次测试结果指标

性能指标	建议值	当前值（Avg）	说明
CPU(处理器)	<75%	9.796	%Processor Time CPU 使用
Memory（内存）	0～20	81.333	Pages/sec
I/O（磁盘）	无	1.256	%Disk Time

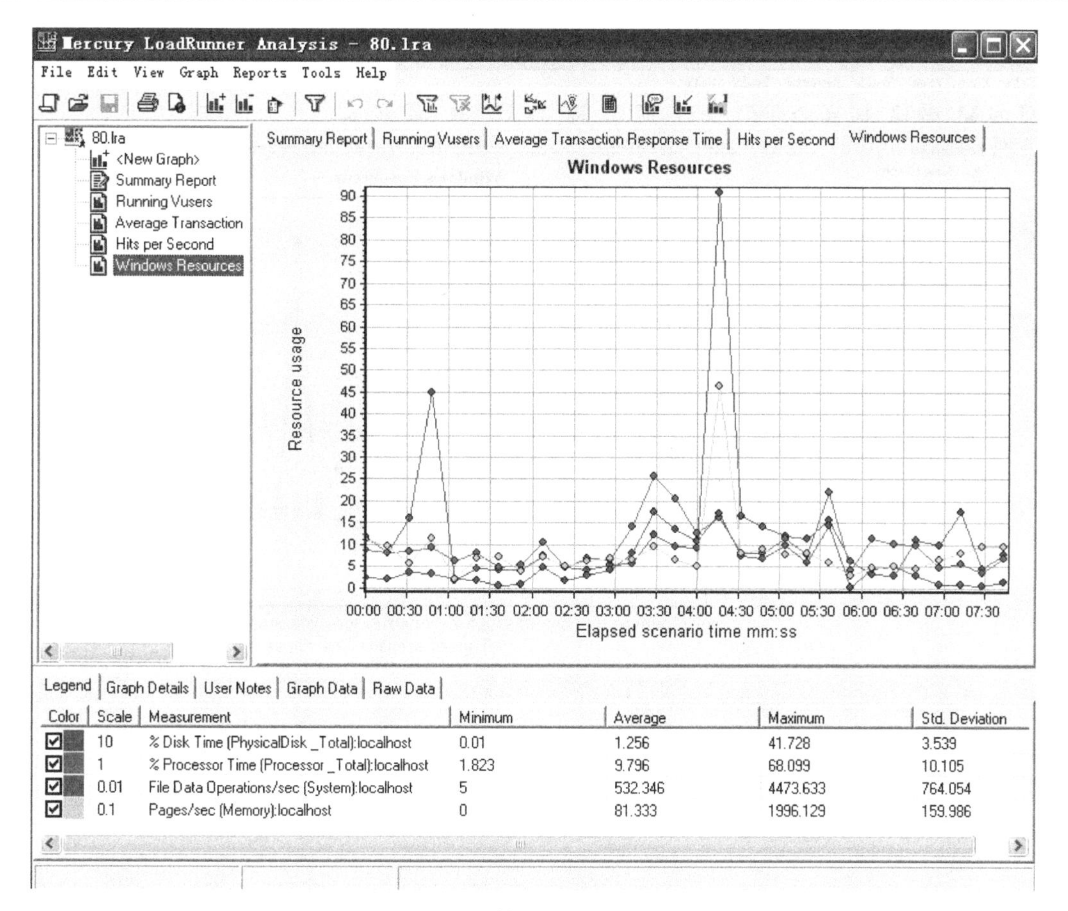

图 7.4　第四次测试结果

（5）第五次测试。

第五次测试在每 15s 内增加 10 个虚拟用户，共增加 100 个虚拟用户，所有虚拟用户全部增加后再一起运行 5min，第五次测试结果如图 7.5 所示。

第五次测试结果指标如表 7.5 所示。

表 7.5　第五次测试结果指标

性能指标	建议值	当前值（Avg）	说明
CPU（处理器）	<75%	13.961	%Processor Time CPU 使用
Memory（内存）	0～20	69.801	Pages/sec
I/O（磁盘）	无	1.31	%Disk Time

4）测试结论及分析

根据测试结果与测试分析，可以初步认定性能瓶颈不在数据库，建议测试实施的客户端配置要求较高，内存至少 4GB 以上。

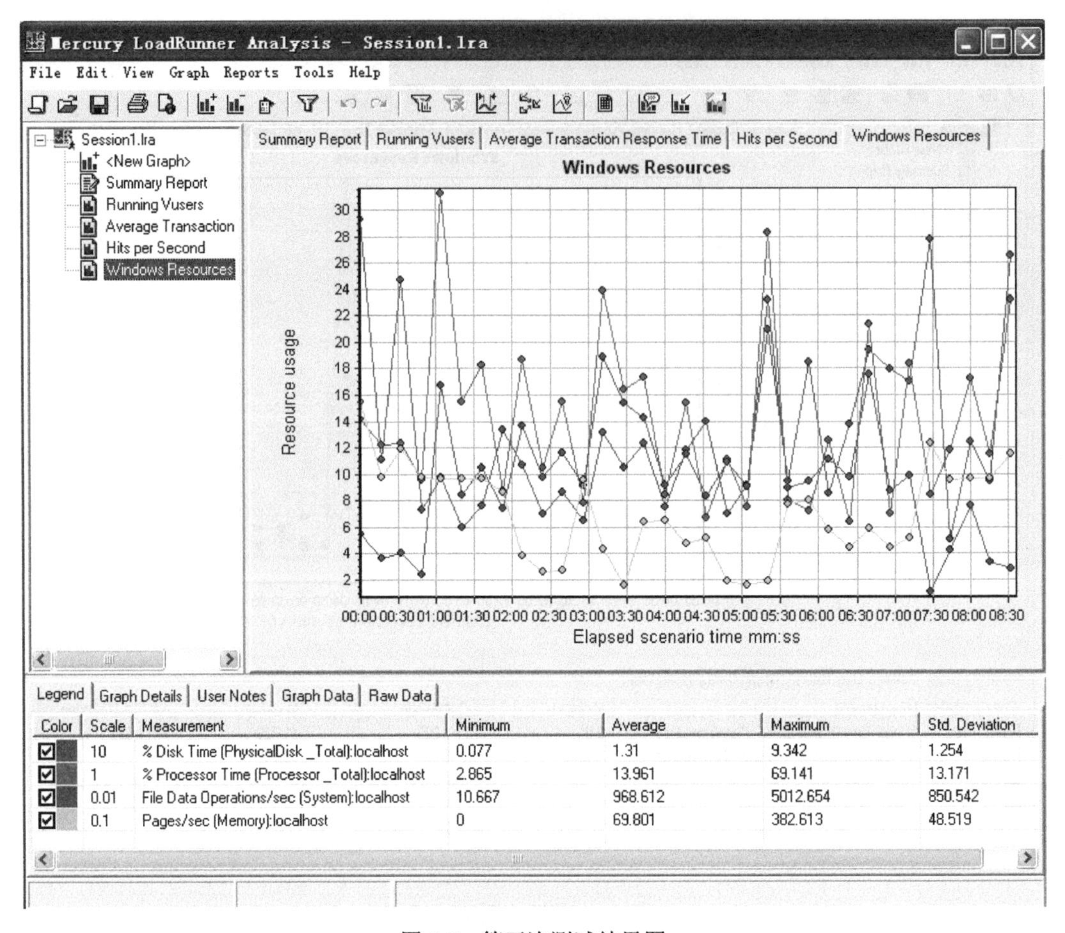

图 7.5　第五次测试结果图

3. 对论坛系统做发帖模块的压力测试

测试目的为了检验系统用户同时发帖、压力情况。将论坛系统的登录模块录制在 vuser_init 中，将发帖过程录制在 Ation 中。

（1）vuser_init 主要代码为：

```
        //标记新事务开始
        lr_start_transaction("登录");
        web_submit_data("member.php",
    "Action=http://localhost/dz_2.5/member.php?mod=logging&action=login&logi
nsubmit=yes&infloat=yes&lssubmit=yes&inajax=1",
                "Method=POST",
                "RecContentType=text/xml",
                "Referer=http://localhost/dz_2.5/forum.php",
                "Snapshot=t2.inf",
                "Mode=HTML",
                ITEMDATA,
```

```
            "Name=fastloginfield", "Value=username", ENDITEM,
            "Name=username", "Value=admin", ENDITEM,
            "Name=password", "Value=admin", ENDITEM,
            "Name=quickforward", "Value=yes", ENDITEM,
            "Name=handlekey", "Value=ls", ENDITEM,
            LAST);
    //标记新事务结束
    lr_end_transaction("登录",LR_AUTO);
    lr_start_transaction("到发帖板块");
    web_add_cookie("tjpctrl=1410360308406; DOMAIN=localhost");
        web_url("forum.php_2",
            "URL=http://localhost/dz_2.5/forum.php?mod=guide&view=my",
            "Resource=0",
            "RecContentType=text/html",
            "Referer=http://localhost/dz_2.5/forum.php",
            "Snapshot=t6.inf",
            "Mode=HTML",
            EXTRARES,
            "Url=static/image/common/arw_l.gif",
"Referer=http://localhost/dz_2.5/forum.php?mod=guide&view=my", ENDITEM,
            LAST);
    lr_end_transaction("到发帖板块",LR_AUTO);
```

（2）Action 中主要代码为：

```
    Action()
    {
        lr_start_transaction("发帖");
        web_url("forum.php_7",
        "URL=http://localhost/dz_2.5/forum.php?mod=relatekw&subjectenc=a
a&messageenc=&inajax=1&ajaxtarget=tagselect",
            "Resource=0",
            "RecContentType=text/xml",
        "Referer=http://localhost/dz_2.5/forum.php?mod=post&action=newth
read&fid=2&referer=http%3A//localhost/dz_2.5/forum.php%3Fmod%3Dguide%26view%
3Dmy",
            "Snapshot=t15.inf",
            "Mode=HTML",
            EXTRARES,
            "Url=static/image/common/uploadbutton.png",
"Referer=http://localhost/dz_2.5/static/image/common/swfupload.swf?preventsw
fcaching=1410358555171", ENDITEM,
            LAST);
    //自带的函数对汉字的编码进行转换
```

```
        lr_convert_string_encoding(lr_eval_string("{subject}"),
LR_ENC_SYSTEM_LOCALE, LR_ENC_UTF8, "str");
        web_submit_data("forum.php_8",
        "Action=http://localhost/dz_2.5/forum.php?mod=post&action=newthr
ead&fid=2&extra=&topicsubmit=yes",
            "Method=POST",
            "RecContentType=text/html",
        "Referer=http://localhost/dz_2.5/forum.php?mod=post&action=newth
read&fid=2&referer=http%3A//localhost/dz_2.5/forum.php%3Fmod%3Dguide%26view%
3Dmy",
            "Snapshot=t16.inf",
            "Mode=HTML",
            ITEMDATA,
            "Name=formhash", "Value=82ed8f02", ENDITEM,
            "Name=posttime", "Value=1410358553", ENDITEM,
            "Name=wysiwyg", "Value=1", ENDITEM,
           //参数化
            "Name=subject", "Value={str}", ENDITEM,
            "Name=message", "Value={str}", ENDITEM,
            "Name=replycredit_extcredits", "Value=0", ENDITEM,
            "Name=replycredit_times", "Value=1", ENDITEM,
            "Name=replycredit_membertimes", "Value=1", ENDITEM,
            "Name=replycredit_random", "Value=100", ENDITEM,
            "Name=readperm", "Value=", ENDITEM,
            "Name=price", "Value=", ENDITEM,
            "Name=tags", "Value=", ENDITEM,
            "Name=rushreplyfrom", "Value=", ENDITEM,
            "Name=rushreplyto", "Value=", ENDITEM,
            "Name=rewardfloor", "Value=", ENDITEM,
            "Name=stopfloor", "Value=", ENDITEM,
            "Name=creditlimit", "Value=", ENDITEM,
            "Name=save", "Value=", ENDITEM,
            "Name=usesig", "Value=1", ENDITEM,
            "Name=allownoticeauthor", "Value=1", ENDITEM,
            EXTRARES,
            LAST);
        web_url("misc.php_7",
        "URL=http://localhost/dz_2.5/misc.php?mod=patch&action=patchnoti
ce&inajax=1&ajaxtarget=patch_notice",
            "Resource=0",
            "RecContentType=text/xml",
```

```
    "Referer=http://localhost/dz_2.5/forum.php?mod=viewthread&tid=3&extra=",
                "Snapshot=t17.inf",
                "Mode=HTML",
                EXTRARES,
                "Url=static/js/common_extra.js?OTX",
"Referer=http://localhost/dz_2.5/forum.php?mod=viewthread&tid=3&extra=",
ENDITEM,
                "Url=static/image/common/popupcredit_bg.gif",
"Referer=http://localhost/dz_2.5/forum.php?mod=viewthread&tid=3&extra=",
ENDITEM,
                LAST);
            web_url("misc.php_8",
    "URL=http://localhost/dz_2.5/misc.php?mod=patch&action=pluginnotice&inaj
ax=1&ajaxtarget=plugin_notice",
                "Resource=0",
                "RecContentType=text/xml",

    "Referer=http://localhost/dz_2.5/forum.php?mod=viewthread&tid=3&extra=",
                "Snapshot=t18.inf",
                "Mode=HTML",
                EXTRARES,
   "Url=http://cp.discuz.qq.com/tips/get?rand=1022&s_id=&product_version=X2.
5&product_release=20130222&fix_bug=25000002&is_founder=1&s_url=http%3A%2F%2F
localhost%2Fdz_2.5%2F&last_send_time=&ts=1410358577&sig=&admin_id=1&group_id
=1&open_id=&uid=1&callback=discuzTipsCallback",
"Referer=http://localhost/dz_2.5/forum.php?mod=viewthread&tid=3&extra=",
ENDITEM,
                LAST);
            lr_end_transaction("发帖",LR_AUTO);
        //将结果记录在本地 vuser 的 log 里面，方便用户查看
            lr_log_message("地址参数化结果 str：%s", lr_eval_string("{str}"));
            lr_log_message(" 地 址 参 数 化 结 果  subject ： %s", lr_eval_string("
{subject}"));
        }
```

（3）结果。

实验结果是看到同时并发自动发帖，论坛系统压力测试完成。

7.3.4　案例总结

性能测试是软件系统的必要测试过程。通过性能测试，可以知道系统的性能是否满足

实际需要，可以诊断出系统的性能瓶颈，为系统的性能优化提供重要的信息。

习题与思考

1．系统测试的主要类型有哪些？
2．系统测试和集成测试有哪些区别？
3．如何理解压力测试和性能测试之间的联系和区别。
4．性能测试有几种类型？它们之间的关系如何？
5．安全性测试的主要内容有哪些？难点在哪里？

第8章 测试管理

软件测试管理的目的应该是验证需求。目的是为了软件在投入生产性运行之前，尽可能多地发现并排除软件中潜藏的错误，从而保证软件的质量。

8.1 测试过程管理

测试过程管理目的：能在规定时间内完成测试任务。

测试过程管理依据：依据各个阶段所制订计划及测试方案对各个功能点进行测试。

测试过程要求：

（1）要求测试人员对测试方案中的每个用例进行逐一测试。

（2）要求测试人员对每个测试过程的功能及用例负责。

（3）要求测试人员在规定时间内完成测试，如测试不能完成，则应提前两天向测试负责人提出；如到期没有完成，则相应测试人员自己承担责任。

（4）测试人员提出 bug 并对自己造成的 bug 负责，即描述清楚，确认问题的真实性。

8.1.1 软件文档测试

文档测试的范围：软件产品由可运行的程序、数据和文档组成。文档是软件的一个重要组成部分。在软件的整个生命周期中，会用到很多文档，在各个阶段中以文档作为前阶段工作成果的体现和后阶段工作的依据。在软件的开发过程中，软件开发人员需根据工作计划和需求说明书由粗到细地进行设计，这些需求说明书和设计说明书构成了开发文档。为了使用户了解软件的使用、操作和对软件进行维护，软件开发人员需要为用户提供详细的资料，这些资料成为用户文档。为了使管理人员及整个软件开发组了解软件开发项目安排、进度、资源使用和成果等，还需要制订和编写一些工作计划或工作报告，这些计划和报告构成了管理文档。

软件文档的分类结构如下。

（1）用户文档：用户手册、操作手册、维护修改建议。

（2）开发文档：软件需求说明书、数据库设计说明书、概要设计说明书、详细设计说明书、可行性研究报告。

（3）管理文档：项目开发计划、测试计划、测试报告、开发进度月报、开发总结报告。

下面对这些文档进行说明。

（1）可行性研究报告：说明该软件开发项目的实现在技术上、经济上和社会因素上的可行性，评述为了合理地达到开发目标可供选择的各种可能实施的方案，说明并论证所选定实施方案的理由。

（2）项目开发计划：为软件项目实施方案制订出具体计划，应该包括各部分工作的负责人员、开发的进度、开发经费的预算、所需的硬件及软件资源等。项目开发计划应提供给管理部门，并作为开发阶段评审的参考。

（3）软件需求说明书：也称软件规格说明书，其中对所开发软件的功能、性能、用户界面及运行环境等做出详细的说明。它是用户与开发人员双方在对软件需求取得共同理解的基础上达成的协议，也是实施开发工作的基础。

（4）数据库设计说明书：只对使用数据库的软件适用，该说明书应给出数据库的整体架构及各个数据库表中的逻辑关系。

（5）概要设计说明书：该说明书是概要设计阶段的工作成果，它应说明功能分配、模块划分、程序的总体结构、输入/输出以及接口设计、运行设计、数据结构设计和出错处理设计等，为详细设计奠定基础。

（6）详细设计说明书：着重描述每一模块是怎样实现的，包括实现算法、逻辑流程等。

（7）用户手册：本手册详细描述软件的功能、性能和用户界面，使用户了解如何使用该软件。

（8）测试计划：计划应包括测试的内容、进度、条件、人员、测试用例的选取原则、测试结果允许的偏差范围等。

（9）测试分析报告：测试工作完成以后，应提交测试计划执行情况的说明。对测试结果加以分析，并提出测试的结论意见。

（10）开发进度月报：该月报是软件人员按月向管理部门提交的项目进展情况报告。报告应包括进度计划与实际执行情况的比较、阶段成果、遇到的问题和解决的办法及下个月的打算等。

（11）项目开发总结报告：软件项目开发完成以后，应与项目实施计划对照，总结实际执行的情况，进度、成果、资源利用、成本和投入的人力。此外，还需对开发工作做出评价，总结出经验和教训。

（12）操作手册：本手册为操作人员提供该软件的各种运行情况的有关知识，特别是操作方法的具体细节。

（13）维护修改建议：软件产品投入运行以后，发现了需对其进行修正、更改等的问题，应对存在的问题、修改的考虑以及修改的估计影响做出详细的描述，写出维护修改建议，提交审批。

以上这些文档是在软件生存期中，随着各阶段工作的开展适时编制的。其中，有的仅反映一个阶段的工作，有的则需跨越多个阶段。

8.1.2　测试准备阶段管理

测试准备阶段：完成测试计划、测试用例、测试数据准备、测试环境准备及部署测试。

测试准备阶段管理从接到测试任务后开始进行。在测试接到任务后，根据项目计划、开发计划制订出测试计划，根据需求分析、概要设计制定出测试用例、准备测试数据，根据部署文档搭建测试环境。

（1）测试计划准备

当接到测试项目时，根据项目计划、开发计划、开发文档（需求或概要设计等）制订测试计划。测试计划内容主要包括测试范围、测试重点、测试时间、人员安排、结束标准、测试风险等。

（2）测试计划审核

在对测试计划进行审核时应注意以下几点：

① 时间安排合理性可用性。

② 测试范围是否覆盖全面。

③ 测试重点是否明确。

④ 测试人员安排是否合理。

⑤ 测试标准、风险是否可行。

（3）测试用例准备

测试用例分为功能测试用例、性能测试用例、数据测试用例、环境测试用例、系统测试用例。

① 功能测试：侧重于功能的完成性测试，是否达到需求要求。

② 性能测试：侧重于系统稳定性、健壮性，以及对大数据系统的处理能力。

③ 数据测试：侧重于流程正确性、数据正确性，以及流程中数据流转正确性。

④ 环境测试：侧重于不同平台、不同系统之间的兼容性。

⑤ 系统测试：侧重于系统风格统一、操作优化、简便性

（4）测试用例审核

对用例进行审核时应注意以下几点。

① 用例是否实用。

② 用例是否设计合理，并不具有重复性。

③ 用例范围是否覆盖全面。

④ 用例数据是否有代表性。

（5）测试数据准备

根据测试实际情况，把测试数据分为以下几种情况。

① 业务流程测试数据。

② 测试项的数据集。

③ 测试脚本。

（6）测试环境搭建

根据项目情况搭建不同的测试环境。

8.1.3 测试实施阶段管理

测试实现阶段：实际的测试过程，在此阶段中经历功能测试、集成测试、系统测试、回归测试。但功能测试、集成测试、系统测试根据测试时间及人力可能是并行进行也可能是迭代进行。

测试准备阶段：完成测试计划、测试用例、测试数据准备、测试环境准备及部署测试。测试实现阶段根据测试项目特点可分为：功能测试、数据测试、流程测试、集成测试、性能测试、系统测试、回归测试等。

（1）功能测试：测试重点主要针对功能本身是否实现，与其他关联的部分放入集成测试或流程测试中进行。

（2）数据测试：主要是针对计算功能而进行的测试，测试重点主要是数据的正确性和数据流的正确性。

（3）流程测试：根据模块的特点，由测试员进行的测试，如根据实际业务而进行的业务流程的测试，或根据模块的设计而进行的逻辑关联的测试。

（4）集成测试：主要是针对各个模块组合后进行的接口测试。

（5）系统测试：针对需求进行测试，并注重界面友好性、操作简便性等方面。

（6）回归测试：针对所有问题进行回归测试。

8.1.4 测试总结阶段

测试总结阶段：对整个测试过程及测试问题进行总结提出改进建议。在我们的现阶段测试中，测试的分类为：功能测试、集成测试、系统测试、回归测试。功能测试主要以功能实现为基础。集成测试以业务数据流为基础进行测试。系统测试主要是在不同平台或操作系统下进行的测试。回归测试主要针对以上问题进行测试。

在项目结束后进行项目总结及测试总结，测试总结主要包括程序问题、测试方法及技术问题，在项目中遇到问题如何解决，在以后过程中有待改进地方（如技术、管理等），根据过程中出现问题对测试管理进行完善。

8.2 测试缺陷管理

测试缺陷管理首先要了解缺陷的状态、缺陷的级别和缺陷的处理。

8.2.1　缺陷的状态

缺陷（bug）的状态如表 8.1 所示。

表 8.1　缺陷的状态

缺陷的状态	描述
New（新的）	bug 提交到缺陷库中会自动被设置成 New 状态
Open（已打开）	当一个 bug 被认为 New 之后，测试负责人或开发负责人将确认这是否是一个 bug，如果是，就将这个 bug 指定给某位开发人员处理，并将 bug 的状态设定为“Open”，开发人员开始处理 bug，状态设置为“Open”，表示开发人员正在处理这个 bug
Fixed（已修复）	当开发人员进行处理（并认为已经解决）之后，他（她）就可以将这个 bug 的状态设置为“Fixed”
Reopen（再次打开）	如经过再次测试发现 bug 仍然存在，测试人员将 bug 再次转给开发组，将 bug 的状态设置为“Reopen”
Closed（已关闭）	测试人员经过再次测试后确认 bug 已经被解决，将 bug 的状态设置为“Closed”
Rejected（被拒绝）	测试负责人或开发负责人查看状态为“Open”的 bug，如果他（她）发现这是产品说明书中定义的正常行为或者经过与开发人员的讨论之后认为这并不能算 bug，测试负责人或开发负责人就将这个 bug 的状态设置为“Rejected”

8.2.2　缺陷的级别

缺陷的级别如表 8.2 所示。

表 8.2　缺陷的级别

缺陷严重程度	描述
A—致命	1. 造成系统或程序崩溃、死机、系统挂起、非法退出； 2. 严重数值计算错误，造成数据丢失，主要功能完全丧失； 3. 存在安全性与保密性问题，如代码错误，死循环，数据库发生死锁、与数据库连接错误或数据通信错误，未考虑异常操作，功能错误等
B—严重	1. 主要功能部分丧失、数据不能保存，次要功能完全丧失； 2. 导致模块功能失效或异常退出，如致命的错误声明，程序接口错误，数据库的表、业务规则、默认值未加完整性等约束条件
C—一般	1. 次要功能没有完全实现但不影响使用； 2. 界面严重错误与需求不一致； 3. 对输入未做限制，如提示信息不太准确，或用户界面差，操作时间长，模块功能部分失效等，打印内容、格式错误，删除操作未给出提示，数据库表中有过多的空字段等
D—建议	1. 使用户操作不方便或遇到麻烦，但它不影响功能的操作和执行； 2. 对测试对象的改进意见或测试人员提出的建议、质疑，如错别字、界面不规范（字体大小不统一，文字排列不整齐，可输入区域和只读区域没有明显的区分标志），辅助说明描述不清楚，长时间操作未给用户提示，提示窗口文字未采用行业专业术语等

8.2.3　缺陷的处理

根据优先级别进行处理（如表 8.3 所示）。

表 8.3　缺陷处理优先级

缺陷优先级	描述
A—最高	软件的主要功能错误或者造成软件崩溃，数据丢失的缺陷，或用户重点关注的问题，缺陷导致系统几乎不能使用或者测试不能继续，需立即修复
B—中等	影响软件功能和性能的一般缺陷，严重影响测试，需要优先考虑
C—一般	界面设计与需求不一致，提示错误等
D—最低	属于优化，可以不做修改的问题或暂时无法修复但影响不大的问题

8.3　BugFree 基本应用

8.3.1　BugFree 简介

1．BugFree 的来源

BugFree 是借鉴微软的研发流程和 bug 管理理念，使用 PHP+MySQL 写出的一个 bug 管理系统。其简单实用、免费且开放源代码（遵循 GNU GPL）。如何有效地管理软件产品中的 bug，是每一家软件企业必须面临的问题。遗憾的是，很多软件企业还是停留在作坊式的研发模式中，其研发流程、研发工具、人员管理不尽如人意，无法有效地保证质量、控制进度，并使产品可持续发展。可以使用 BugFree 管理 bug，不断提高产品的质量。

2．BugFree 名称的含义

命名为 BugFree 有两层意思：一是希望软件中的缺陷越来越少，直到没有；二是表示它是免费且开放源代码的，大家可以自由使用传播。

8.3.2　BugFree 对缺陷的组织和管理

在 Windows 操作系统下安装 BugFree。

在安装 BugFree 之前，首先需要安装 Apache、PHP、MySQL 支持软件包，如 XAMPP 或 EASYPHP 等。先访问 http://www.apachefriends.org/zh_cn/xampp.html 下载并安装最新的 XAMPP 版本。这里我们以压缩包“xampplite-win32-1.7.1.zip”为例进行说明。将压缩包解压到指定目录下，文件名为“xampplite”，方便后面的操作。

（1）下载 BugFree 2.0.3 安装包，解压后复制到 XAMPP 系统的 htdocs 子目录下，如 D:\ xampplite\htdocs。

（2）进入 BugFree 的安装目录，复制文件 Include/Config.inc.Sample.php 为新文件 Include/Config.inc.php。

（3）在文件夹“xampplite”中找到“setup_xampp.bat”文件，运行。

（4）在文件夹“xampplite”中找到“xampp-control.exe”文件，双击打开“XAMPP Control Panel Application”窗口，如图 8.1 所示。

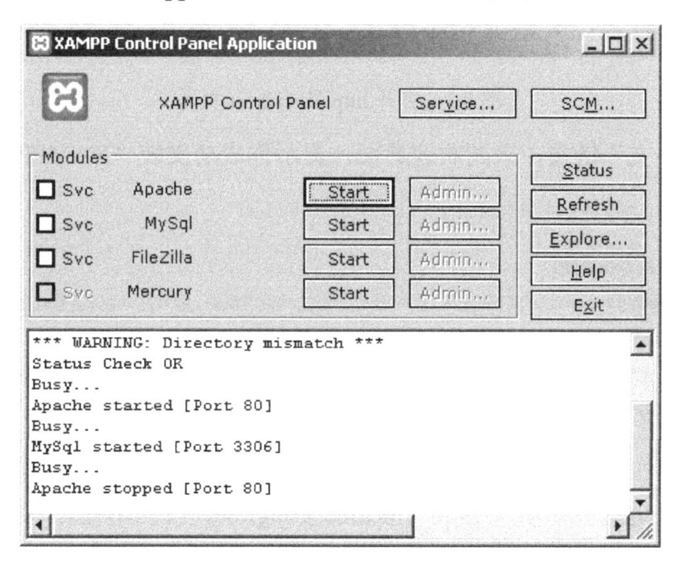

图 8.1 “XAMPP Control Panel Application”窗口

（5）依次单击 Apache 和 MySql 后面的“Start”按钮，启动 Apache 和 MySql 服务，如图 8.2 所示。

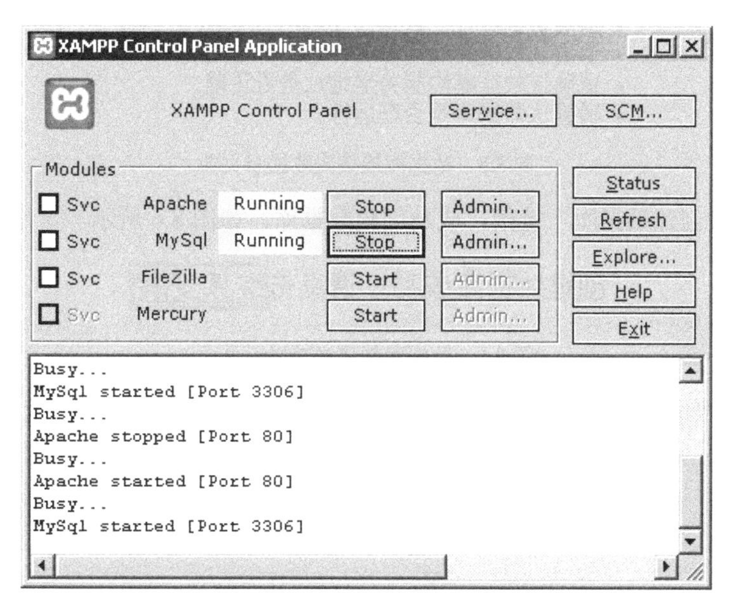

图 8.2 启动 Apache 和 MySql 服务

（6）打开 IE 浏览器，在地址栏中输入 http://localhost，按回车键出现如图 8.3 所示的页面。

English / Deutsch / Francais / Nederlands / Polski / Italiano / Norwegian / Español / 中文 / Português (Brasil) / 日本語

图 8.3　打开 http://localhost 页面

（7）选择“中文”链接，来到欢迎界面，提示你成功安装“XAMPP”，如图 8.4 所示。

欢迎使用XAMPP for Windows Version 1.7.1 !

祝贺您:
您已经成功安装了XAMPP!

现在您可以开始使用Apache以及其他的組件. 首先, 您可以通过左侧的导航条上的'状态'功能来查看他们是否工作正常.

您可以通过浏览 https://127.0.0.1 或者 https://localhost 来验证OpenSSL

很重要的一点! 非常感谢给予Carsten, Nemesis, KriS, Boppy, Pc-Dummy以及XAMPP帮助与支持的所有朋友!

祝您好运, Kay Vogelgesang + Kai 'Oswald' Seidler

图 8.4　安装成功提示页面

（8）此时，在地址栏中输入 https://localhost/bugfree，按回车键。系统提示：数据库连接失败！如图 8.5 所示。

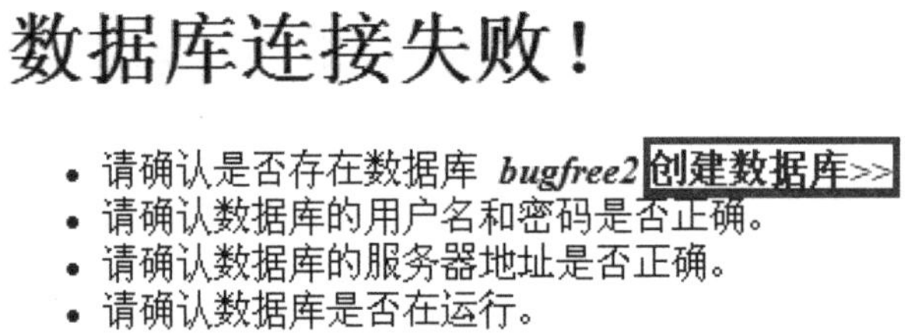

数据库连接失败！

- 请确认是否存在数据库 ***bugfree2*** **创建数据库>>**
- 请确认数据库的用户名和密码是否正确。
- 请确认数据库的服务器地址是否正确。
- 请确认数据库是否在运行。

图 8.5　数据库连接失败提示页面

（9）单击“创建数据库”链接，成功创建数据库，如图 8.6 所示。

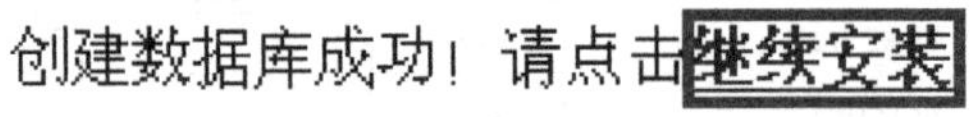

创建数据库成功！请点击**继续安装**

图 8.6　数据库创建成功提示页面

（10）单击“继续安装”，提示安装全新的 BugFree 2，如图 8.7 所示。

BugFree安装程序

安装全新的 BugFree 2

BugFree 官方网站

图 8.7　BugFree 安装页面

（11）单击“安装全新的 BugFree 2”链接开始安装。安装结束后，系统会提供默认管理员账号和密码，如图 8.8 所示。

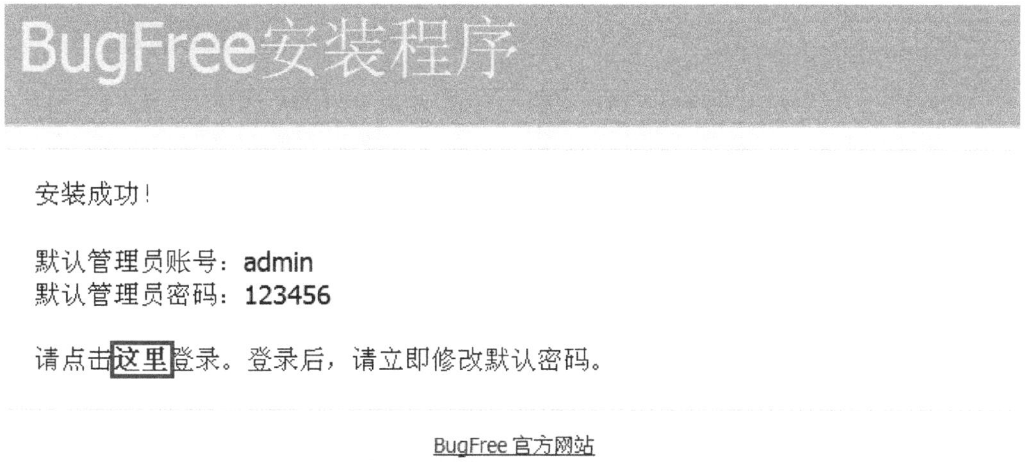

BugFree安装程序

安装成功！

默认管理员账号：admin
默认管理员密码：123456

请点击这里登录。登录后，请立即修改默认密码。

BugFree 官方网站

图 8.8 默认管理员账号和密码

单击图 8.8 中的“这里”链接进入 BugFree 登录界面，如图 8.9 所示。

图 8.9 BugFree 登录界面

输入系统提供的默认管理员账号：admin，密码（原始）：123456；语言选择默认的“简体中文”。单击“登录”按钮，进入 BugFree 主界面，如图 8.10 所示。

项目选择框：可以快速切换当前项目，项目模块框②和查询结果框⑥显示相应的模块结构和记录。

（a）指派给我：显示我的任务。

（b）由我创建：显示最近 10 条由我创建的记录。

（c）我的查询：保存查询框⑤的查询条件。

模式切换标签：切换 Bug、Test Case 和 Test Result 模式。默认登录为 Bug 模式。

查询框：设置查询条件。

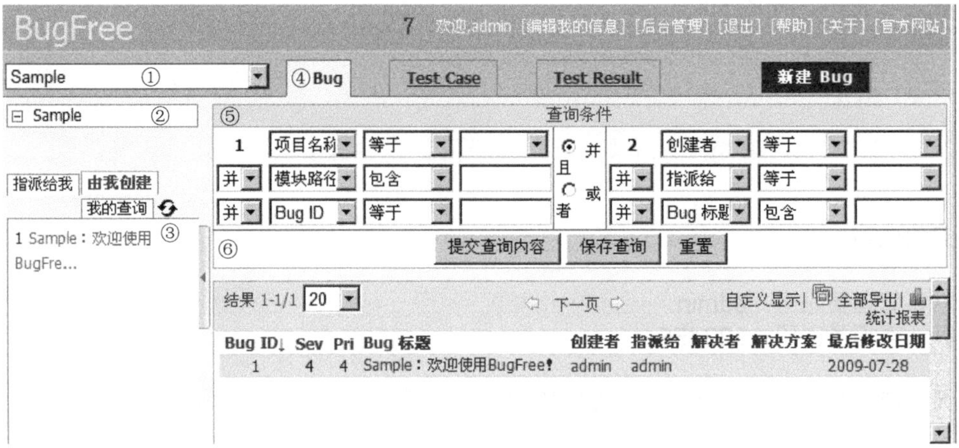

图 8.10　BugFree 主界面

（a）自定义显示：设置查询结果的显示字段。

（b）全部导出：将当前查询结果记录导出到网页。

（c）统计报表：显示当前查询结果的统计信息。

导航栏：显示当前登录用户名等信息。

（1）单击导航栏→“编辑我的信息”进行密码更改。

（2）根据提示填写真实姓名、E-mail、密码等信息，最后单击“提交”按钮完成密码修改，如图 8.11 所示。

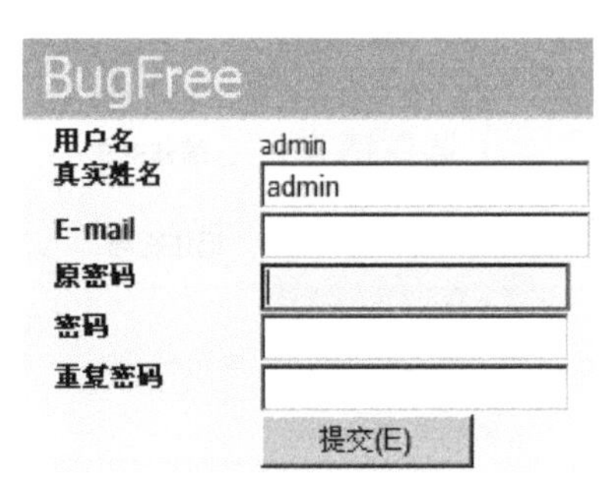

图 8.11　密码修改

8.4　BugFree 管理员角色

BugFree 的管理员包括系统管理员、项目管理员和用户组管理员三种角色。可以同时指派任意用户为任意角色。这三种管理员登录 BugFree 之后，主界面上方的导航栏会显示一个“后台管理”链接。

8.4.1　系统管理员

全新安装 BugFree 之后，会自动创建一个默认的系统管理员账号 admin。可以通过编辑 BugFree 目录下的 Include/Config.inc.php 文件，增加其他系统管理员账号。例如，假设要将 user1 设置为系统管理员。编辑 Include/Config.inc.php 文件，将 user1 添加到下面的行。

```
/* 2. Define admin user list. Like this: array('admin','test1') */
$_CFG['AdminUser'] = array('admin','user1');
```

注意：如果 user1 不存在，首先需要默认管理员账号 admin 登录之后，创建该用户信息。

8.4.2　项目管理员

项目管理员只能由系统管理员指派，指定哪些用户组可以访问当前项目。该角色负责维护 Bug 和 Case 的模块结构，把系统管理员解放出来。

8.4.3　用户组管理员

用户组管理员可以由系统管理员或者其他用户组管理员指派，负责维护一个用户组。一般情况下，用户组管理员和项目管理员可以是同一个用户。但是在大型组织中，在人员很多的情况下，可以指派专人对用户组进行维护。技术负责人则担当项目管理员的角色，负责维护 Bug 和 Case 的模块结构。

8.4.4　管理员的具体权限

系统管理员、项目管理员和用户组管理员三种角色的详细权限如表 8.4 所示。

表 8.4　系统管理员、项目管理员和用户组管理员三种角色的详细权限

	系统管理员	项目管理员	用户组管理员
项目管理	1．可以添加项目； 2．可以查看和编辑所有项目； 3．可以修改项目名称和显示顺序； 4．可以指派项目用户组； 5．可以指派项目管理员； 6. 可以编辑 Bug 或 Case 模块	1．不可以添加项目； 2．仅可以查看和编辑自己是项目管理员的项目； 3. 不可以修改项目名称和显示顺序； 4．可以指派项目用户组； 5．不可以指派项目管理员； 6．可以编辑 Bug 或 Case 模块	无权限
用户管理	1．可以查看所有用户； 2．可以添加用户； 3．可以编辑、禁用或激活所有用户	1．可以查看所有用户； 2．可以添加用户； 3．可以编辑、禁用或激活自己创建的用户或本人	1．可以查看所有用户； 2．可以添加用户； 3．可以编辑、禁用或激活自己创建的用户或本人

（续表）

	系统管理员	项目管理员	用户组管理员
用户组管理	1．可以查看所有用户组； 2．可以添加用户组； 3．可以编辑或删除所有用户组	1．可以查看所有用户组； 2．可以添加用户组； 3. 可以编辑或删除自己添加的用户组	1．可以查看所有用户组； 2．可以添加用户组； 3．可以编辑或删除自己添加的用户组或自己是用户组管理员的组

8.5 用户管理

添加新用户，输入用户名、真实姓名、密码和邮件地址。用户名和密码用于登录 BugFree；真实姓名则显示在指派人列表中用于选择。

单击主界面导航栏中“用户管理”项切换到“用户列表”界面，如图 8.12 所示。

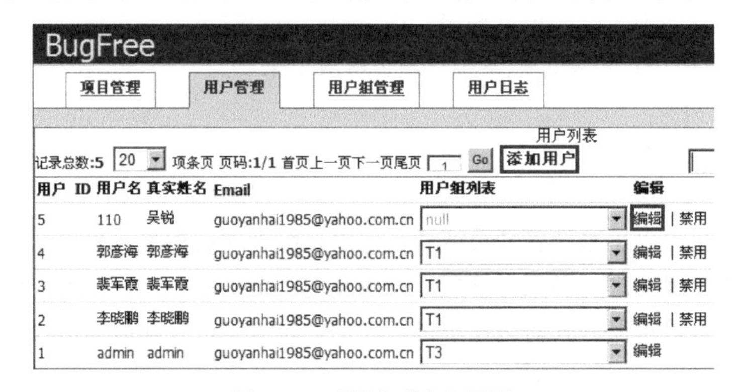

图 8.12 “用户列表”界面

单击“添加用户”切换到“添加用户”界面，如图 8.13 所示。根据提示，填写相应的信息即可单击“保存”完成。

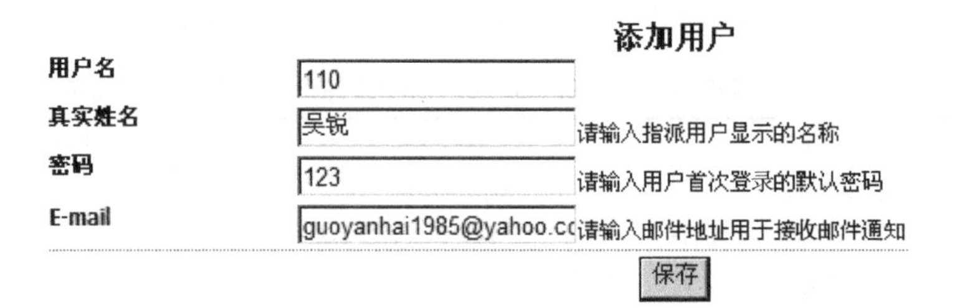

图 8.13 “添加用户”界面

禁用和激活用户：单击图 8.12 中的“禁用”链接后，该用户将无法登录 BugFree，并被从所在用户组中删除。包含该用户的记录将不再显示该用户的真实姓名，而以用户名代替。

再次单击“激活”，将恢复该用户，但需要重新指派用户组权限。

8.6 用户组管理

创建用户之后，需要将用户添加到用户组，项目管理员通过指派用户组来分配权限。新用户只有在所属用户组指派给一个项目之后才可以登录 BugFree 系统。安装 BugFree 之后，系统会默认创建一个“All Users”默认组，该用户组包含所有用户，不需要额外添加用户。如图 8.14 所示表示要添加一个称为“Test4”的用户组，组内有郭彦海、李晓鹏、裴军霞三个成员，用户组管理员为李晓鹏，单击“保存用户组”按钮即可完成返回用户组列表，如图 8.15 所示。此时，可以看到新添加的新用户组“Test4”的信息。单击“编辑”按钮就可以对其进行编辑。

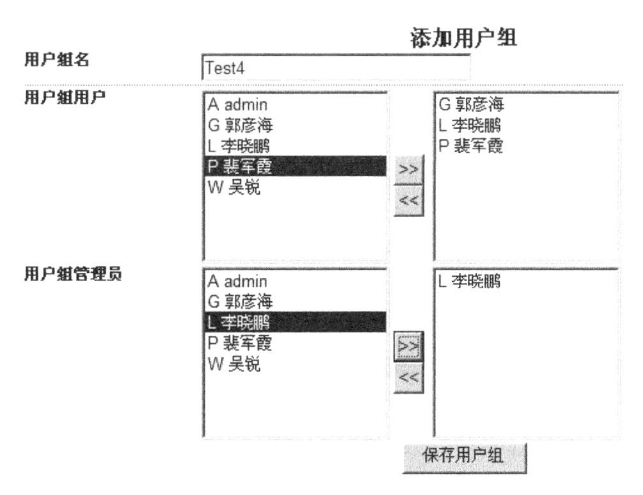

图 8.14 保存用户组窗口

BugFree

项目管理 | 用户管理 | 用户组管理 | 用户日志

用户组列表

记录总数:6 20 项条页 页码:1/1 首页上一页下一页尾页 1 Go 添加用户组

用户组 ID	用户组名	用户组用户	用户组管理员	编辑	修改者
6	Test4	G 郭彦海	L 李晓鹏	编辑| 删除	admin
5	T4	G 郭彦海	P 裴军霞	编辑| 删除	admin
4	T3	A admin	A admin	编辑| 删除	admin
3	T2	G 郭彦海	G 郭彦海	编辑| 删除	admin
2	T1	G 郭彦海	L 李晓鹏	编辑| 删除	admin
1	[All Users]				

图 8.15 保存后显示用户信息的窗口

8.7 项目管理

以管理员的身份登录后，单击导航栏→“后台管理”，打开“后台管理”界面（如图

8.16 所示），管理员可以对项目、用户和用户组进行相应的管理，默认为项目列表。

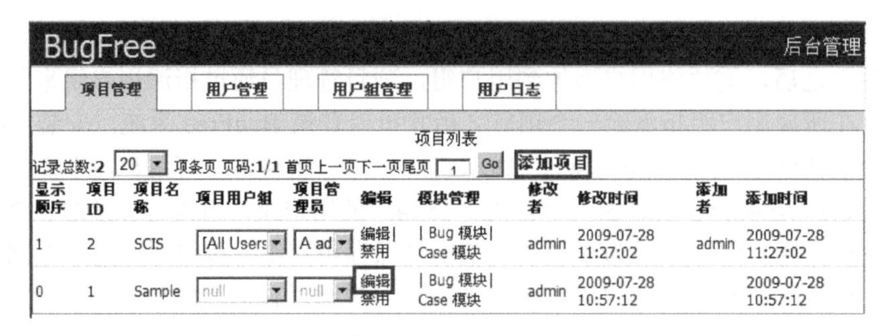

图 8.16　“后台管理”界面

这里，我们可以通过单击“添加项目”添加一个新的项目，如图 8.17 所示。根据实际需求填写相应的信息，并为项目分配合适的项目组（如图 8.17 所示，只有 T2、T3 的用户组成员才能访问此项目）和项目管理员，最后单击“保存项目”按钮返回项目列表。此时，我们能够在项目列表中看到刚刚添加的项目信息。

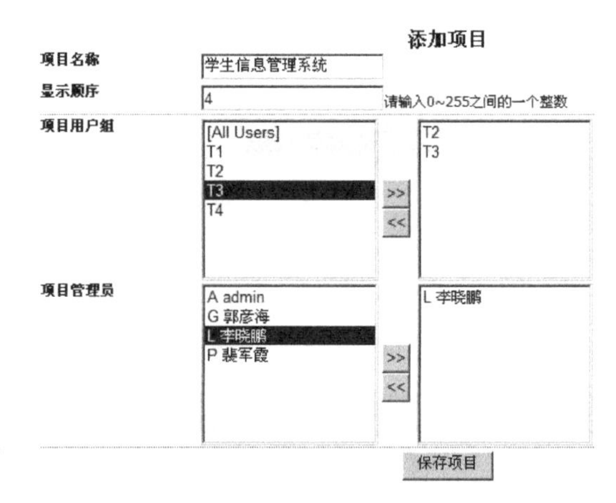

图 8.17　“添加项目”窗口

项目默认显示顺序是按照创建的先后次序排列的。如果需要将某个项目排在最前面，编辑该项目，将显示顺序设置为 0～255 之间的一个整数。通过单击已存在项目右端的“编辑”按钮，也可以对此项目信息进行更改，如图 8.18 所示。

1．模块管理

创建项目之后，通过“Bug 模块”和“Case 模块”链接，可以分别为 Bug 和 Test Case 创建树状模块结构。一个项目可以包含多个模块，一个模块下面可以包含多个子模块。原则上，对子模块的层级没有限制。如此接连不断地“添加一个新的子模块”（注意“父模块”的选取），则各模块间可以形成类似图 8.18 左侧的树状列表。

如果指定模块负责人，在创建该模块下的 Bug 或 Test Case 时，会自动指派给该负责人。Bug 如果删除一个模块之后，该模块下面的 Bug 或 Test Case 将自动移动到其父模块中。

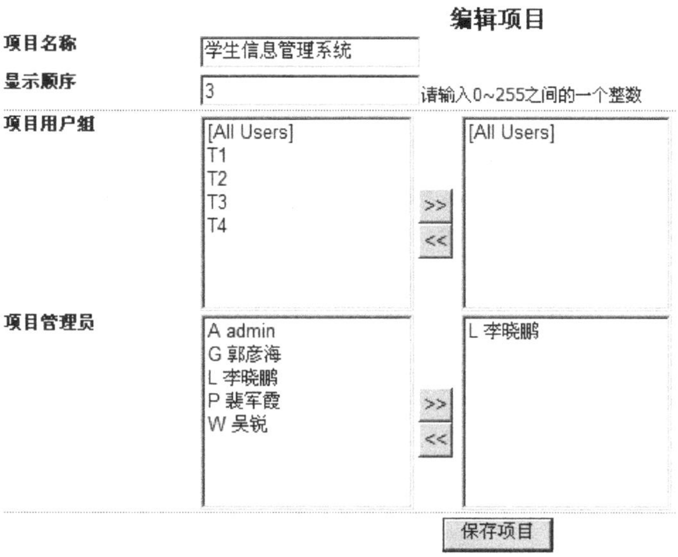

编辑项目

项目名称　学生信息管理系统

显示顺序　3　请输入0~255之间的一个整数

项目用户组　[All Users] T1 T2 T3 T4　>> <<　[All Users]

项目管理员　A admin G 郭彦海 L 李晓鹏 P 裴军霞 W 吴锐　>> <<　L 李晓鹏

保存项目

图 8.18　编辑项目信息

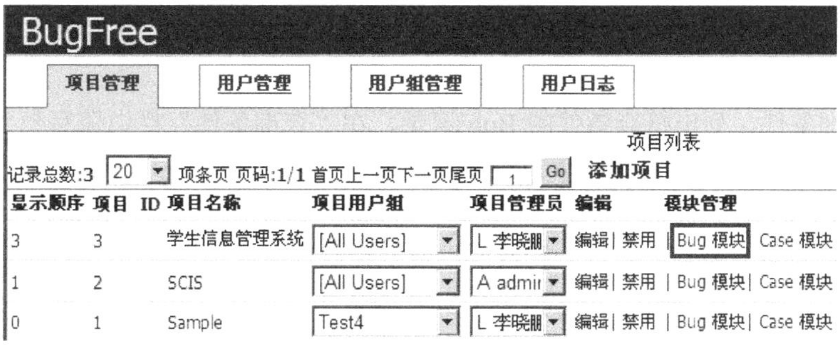

BugFree

项目管理　用户管理　用户组管理　用户日志

项目列表

记录总数:3　20　项条页 页码:1/1 首页上一页下一页尾页　1　Go　添加项目

显示顺序	项目 ID	项目名称	项目用户组	项目管理员	编辑	模块管理
3	3	学生信息管理系统	[All Users]	L 李晓鹏	编辑 | 禁用	| Bug 模块 | Case 模块
1	2	SCIS	[All Users]	A admin	编辑 | 禁用	| Bug 模块 | Case 模块
0	1	Sample	Test4	L 李晓鹏	编辑 | 禁用	| Bug 模块 | Case 模块

图 8.19　指派模块

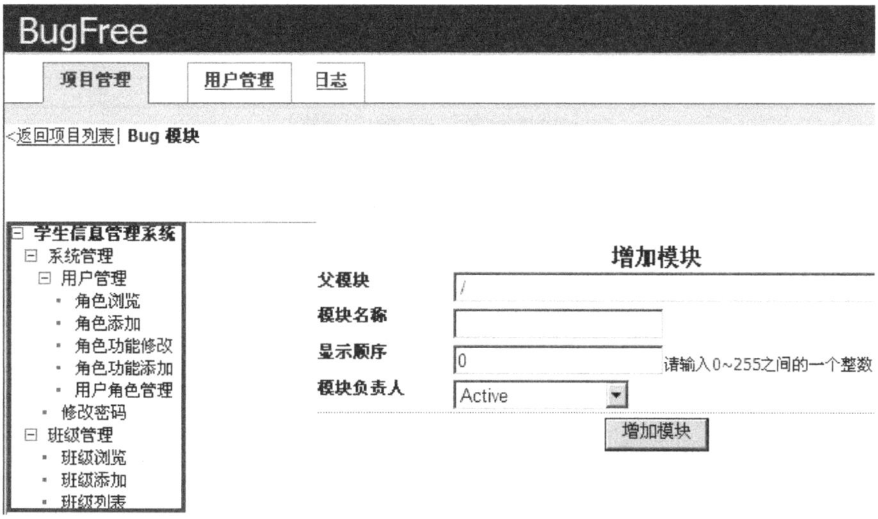

BugFree

项目管理　用户管理　日志

<返回项目列表 | Bug 模块

- 学生信息管理系统
  - 系统管理
    - 用户管理
      - 角色浏览
      - 角色添加
      - 角色功能修改
      - 角色功能添加
      - 用户角色管理
    - 修改密码
  - 班级管理
    - 班级浏览
    - 班级添加
    - 班级列表

增加模块

父模块　/

模块名称

显示顺序　0　请输入0~255之间的一个整数

模块负责人　Active

增加模块

图 8.20　添加项目模块

（1）查询。

你可以设定不同的查询条件，寻找你想找的 Bug。目前，BugFree 提供了以下几种查询模式：

单击某个模块，可以显示该模块的所有 Bug。如图 8.21 所示，单击“项目模块框”下的“角色管理”模块，就可以在 Bug 列表中显示此模块中所有 Bug 的信息。这样能够让修复人员很快得到某一模块的全部 Bug，使修复效率得以提高。

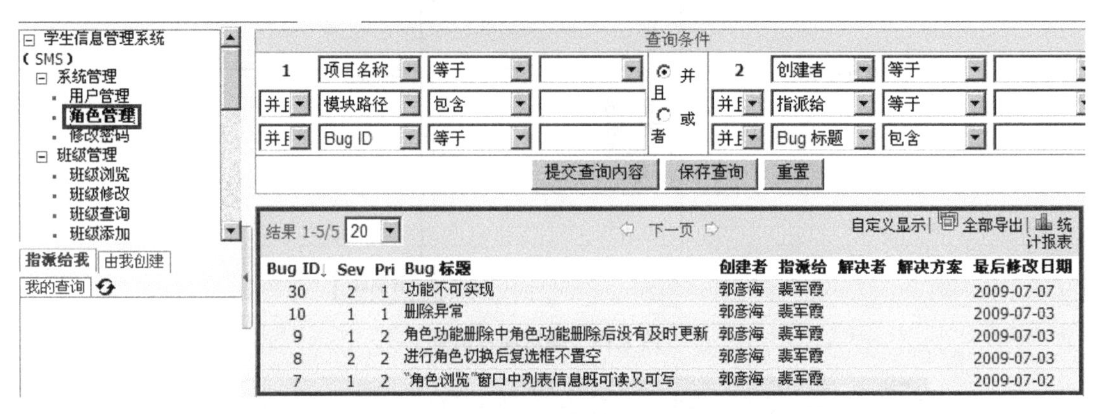

图 8.21 角色管理模块窗口

设定查询条件，列出符合条件的 Bug 记录。在“查询条件”栏中填写想要查询的 Bug 信息，例如图 8.22 中查询条件如下。

项目名称：学生信息管理系统，创建者：G 郭彦海，严重程度：1，指派给：L 李晓鹏。三个条件之间的关系都是“并且”关系，也就是说满足所有条件的 Bug 会在单击“提交查询内容”按钮后显示在下面的 Bug 列表中。查询条件的组合有很多种，你可以根据不同的需要查询 Bug 信息，准确性比较高。

查询条件

1	项目名称	等于	学生信息管理	并且	2	创建者	等于	G 郭彦海
并且	严重程度	等于	1	或者	并且	指派给	等于	L 李晓鹏
并且	Bug ID	等于			并且	Bug 标题	包含	

提交查询内容　保存查询　重置

结果 1-11/11　20　下一页　自定义显示　全部导出　统计报表

Bug ID	Sev	Pri	Bug 标题	创建者	指派给	解决者	解决方案	最后修改日期
49	1		控件错别字	郭彦海	李晓鹏			2009-07-09
47	1		考试类型编号无字符限制	郭彦海	李晓鹏			2009-07-08
45	1		用户可修改班级编号	郭彦海	李晓鹏			2009-07-08
44	1		班级编号可输入	郭彦海	李晓鹏			2009-07-08
36	1	3	出生年月无限制	郭彦海	李晓鹏			2009-07-07
34	1		学号无字符限制	郭彦海	李晓鹏			2009-07-08
32	1	2	班级编号无字符限制	郭彦海	李晓鹏			2009-07-07
31	1	3	限制字符数有误	郭彦海	李晓鹏			2009-07-07
29	1		提示错误5	郭彦海	李晓鹏			2009-07-06
16	1		显示信息错误	郭彦海	李晓鹏			2009-07-05
3	1	1	用户名不支持汉字	郭彦海	李晓鹏			2009-07-02

图 8.22 查询窗口

还可以单击“保存查询”按钮，来保存这些查询条件，在“查询标题”处给本次查询条件起一个容易见文知意的名称。

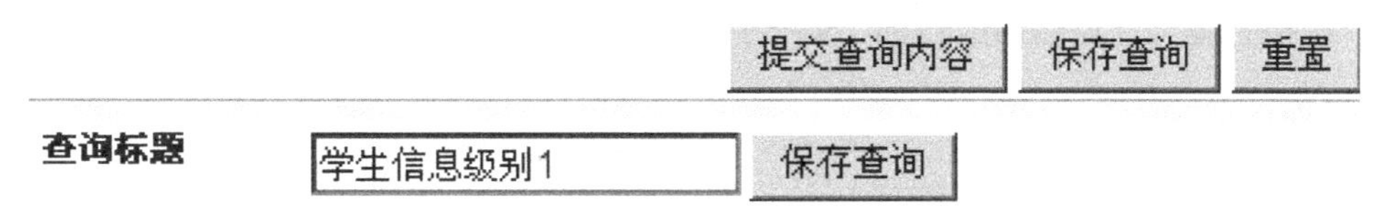

图 8.23　保存查询窗口

单击“保存查询”按钮后，在窗口左下角会出现如图 8.24 所示的查询条，方便以后的查询工作。

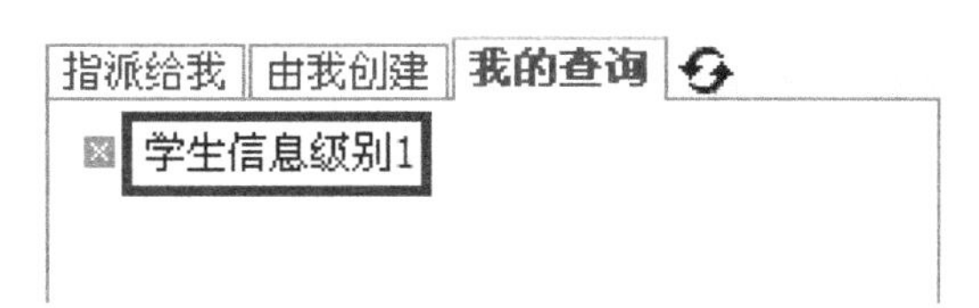

图 8.24　保存查询显示窗口

按某字段排序单击 Bug 列表的任何一个字段（例如“创建者”、“BugID”、“修改日期”等），就可以按该字段将 Bug 排序，同时，该字段旁边的“↑”或“↓”表示当前是升序还是降序排序。再次单击一下本字段，将会改变排序方式。如在图 8.25 中，将 Bug 按编号降序排序。

结果 1-20/26　20　下一页　自定义显示

Bug ID↓	Sev	Pri	Bug 标题	创建者	指派给	解决者	解决方案
49	1		控件错别字	郭彦海	李晓鹏		
48	2		考试类型可键盘输入	郭彦海	李晓鹏		
47	1		考试类型编号无字符限制	郭彦海	李晓鹏		

图 8.25　查询结果显示窗口

（2）自定义显示字段。

单击图 8.25 中的“自定义显示”按钮，调出如图 8.26 所示的窗口。

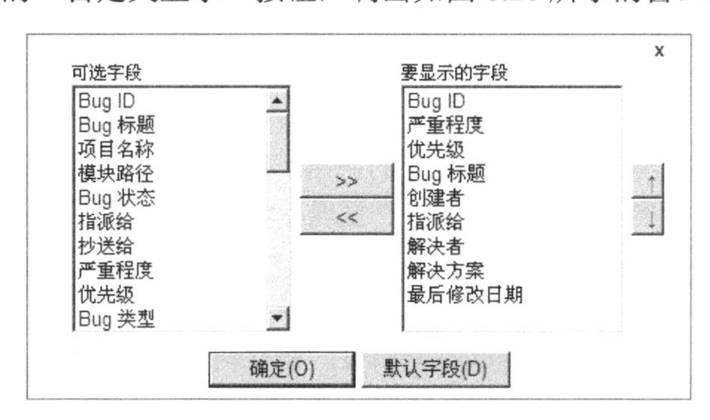

图 8.26　自定义显示窗口

这样，我们就可以通过单击 >> 和 << 按钮来添加/删除显示字段，也可以通过单击 ↑ 和 ↓ 按钮设置显示字段的排列顺序。单击 默认字段(D) 按钮可显示程序默认显示的字

段，包括“Bug ID”、“严重程度”、“优先级”、“Bug 标题”、“创建者”、“指派给”、“解决者”、“解决方案”、“最后修改日期”9 个字段。

2. Bug 管理

使用 BugFree 对 Bug 进行管理。

8.8 新建

当执行以下测试用例时，我们可能会发现，通过操作步骤得到的实际结果与期望结果不同（如图 8.27 所示）：密码列为可视数据。这时，我们就需要提交 Bug，也就是新建一个 Bug。

用例编号	相关用例	目的	操作步骤	输入数据	期望结果
Userscan-1		窗口中数据信息	单击系统管理->用户管理->用户浏览		弹出用户浏览的窗口,列表中的数据信息为只读.密码列应为加密数据.

图 8.27　用例表截图

单击“新建 Bug”按钮，如图 8.28 所示。

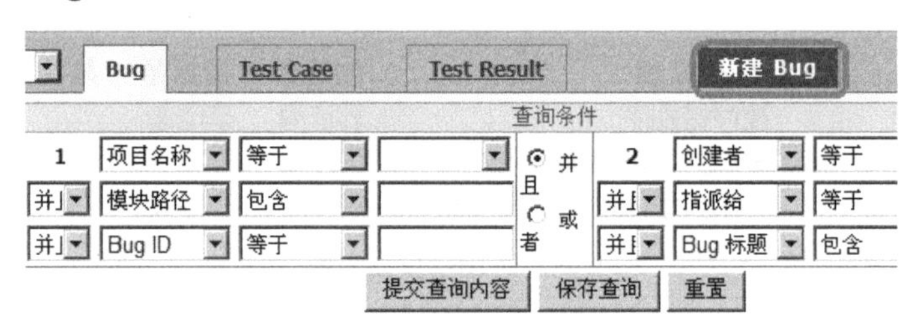

图 8.28　新建 Bug 窗口

打开“新建 Bug”窗口，如图 8.29 所示。在该窗口中显示为橘黄色的为必填项。BugFree 根据 Bug 的特征为 Bug 命名，尽量做到见文知意。

注意必须指定该 Bug 属于哪个项目的哪个模块，指定 Bug 的类型、Bug 类型以及严重程度等必填信息，并将本 Bug 指派给相应的同事。BugFree 使用手册 BugFree 这里着重说明一点：为了让 Bug 更容易重现，在书写“复现步骤”项时应尽量简洁明了。这样会使团队的工作效率得以提高，也会减少不必要的麻烦。

Bug 字段说明如下。

Bug 标题：为包含关键词的简单问题摘要，要有利于其他人员进行搜索或通过标题快速了解问题。

项目名称/模块路径：指定问题出现在哪个项目的哪个模块。在 Bug 处理过程中，应随时根据需要修改项目或模块，以方便跟踪。如果后台管理指定了模块负责人，则在选择模块时，会自动指派给负责人。

图 8.29 “新建 Bug”窗口

指派给：Bug 的当前处理人。如果不知道 Bug 的处理人，可以指派给 Active，项目或模块负责人再重新分发、指派给具体人员。如果设定了邮件通知，被指派者会收到邮件通知。状态为 Closed 的 Bug，默认会指派给 Closed，表示 Bug 生命周期的结束。

抄送给：在需要通知相关人员时填写，例如测试主管或者开发主管等。可以同时指派多个人，人员之间用逗号分隔。如果设定了邮件通知，当 Bug 有任何更新时，被指派者都会收到邮件通知。

严重程度：Bug 的严重程度。由 Bug 的创建者视情况来指定，其中 1 为最严重的问题，4 为最小的问题。一般 1 级为系统崩溃或者数据丢失的问题；2 级为主要功能的问题；3 级为次要功能的问题；4 级为细微的问题。

优先级：Bug 处理的优先级。由 Bug 的处理人员按照当前业务需求、开发计划和资源状态指定，其中 1 的优先级最高，4 的优先级最低。一般 1 级为需要立即解决的问题；2 级为需要在指定时间内解决的问题；3 级为项目开发计划内解决的问题；4 级为资源充沛时解决的问题。

其余选项字段（Bug 类型、如何发现、操作系统、浏览器）：可以通过编辑 Lang/ZH_CN_UTF-8/_COMMON.php 来自定义。

创建 Build：Bug 是在哪个版本（Build 或者 Tag）中被发现的。

解决 Build：Bug 是在哪个版本（Build 或者 Tag）中被解决的。

解决方案：参考 Bug 的七种解决方案。如果解决方案为 Duplicated，需要指定重复 Bug 的编号。

处理状态：Bug 处理过程的附属子状态，例如 Local Fix 表示已在本地修复；Checked In 表示修复代码已经提交；Can’t Regress 表示修复的问题暂无法验证等。

机器配置：测试运行的硬件环境，例如 Dell G280 2G/200G

关键词：主要用于自定义标记，方便查询。关键词之间用逗号或者空格分隔。例如，对于跨团队的项目开发，可以约定一个关键词统一标记项目。

相关 Bug：与当前 Bug 相关的 Bug。例如，相同代码产生的不同问题，可以在相关 Bug 中注明。

相关 Case：与当前 Bug 相关的 Case。例如，测试遗漏的 Bug 可以在补充了 Case 之后，在 Bug 的相关 Case 中注明。

上传附件：上传 Bug 的屏幕截图、Log 日志或者 Call Stack 等，方便处理人员。

复现步骤：[步骤]要描述清晰，简明扼要，步骤数尽可能少；[结果]说明 Bug 产生的错误结果；[期望]说明正确的结果。可以在[备注]提供一些辅助性的信息，例如，这个 Bug 在上个版本是否也能复现，方便处理人员。

当 Bug 的信息填写完整时，就可以单击“保存”按钮完成 Bug 的提交。

BugFree 就会自动为我们生成 Bug 编号，如图 8.30 所示，此 Bug 的编号为：Bug #4。

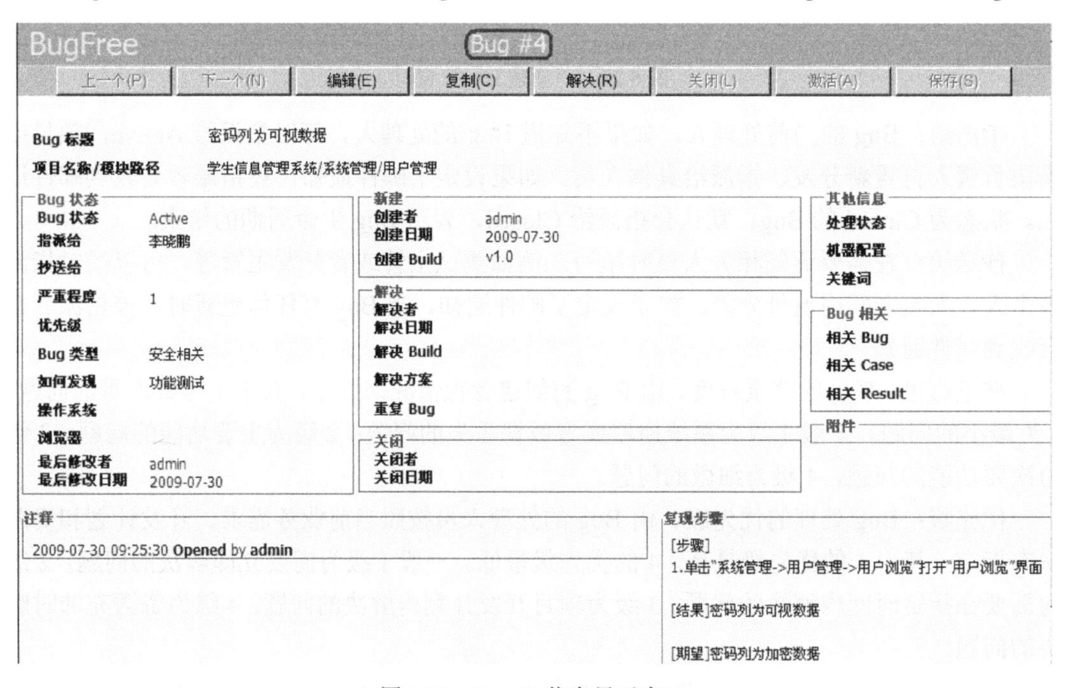

图 8.30　Bug #4 信息显示窗口

此时，我们可以再审查一下是否有错误，是否和自己的最初意愿一致。如果一切正常，那么就可以关闭此界面，一个 Bug 就提交完毕了。

8.9　编辑

在我们提交 Bug 的过程中不免会出现一些失误，这就需要对 Bug 进行编辑修改。下面以刚才的 Bug #4 为例加以介绍。

首先，单击此 Bug 进入如图 8.30 所示的窗口。

单击“编辑”按钮，打开“编辑 Bug #4”窗口，如图 8.31 所示。

图 8.31　“编辑 Bug #4”窗口

修改相应的信息，单击“保存”完成编辑。

在一个系统的测试过程中，难免会遇到很多相似的 Bug。如果对每个 Bug 都要彻底描述一遍，那么无论是对个人还是对团队都是很大的工作量。BugFree 为了防止这种现象的出现，特意增加了“复制”Bug 的功效。例如，我们在前面已经提交了一个“文字错误”的 Bug。现经过测试，又出现了错别字。那我们就可以进行 Bug 的复制了。

在图 8.32 中找到一个“文字错误”Bug，直接单击此 Bug 行，打开 Bug 内容详情窗口，如图 8.33 所示。

45	1	用户可修改班级编号
44	1	班级编号可输入
43	2	查询信息错误
42	1	文字错误
41	2	学生学号可手动输入

图 8.32　Bug 列表显示窗口

单击“复制”按钮，进入“新建 Bug”窗口。这个窗口与前面直接进行新建的 Bug 窗口相同，如图 8.34 所示，只需在 Bug 的描述上进行简单的修改即可保存完成。

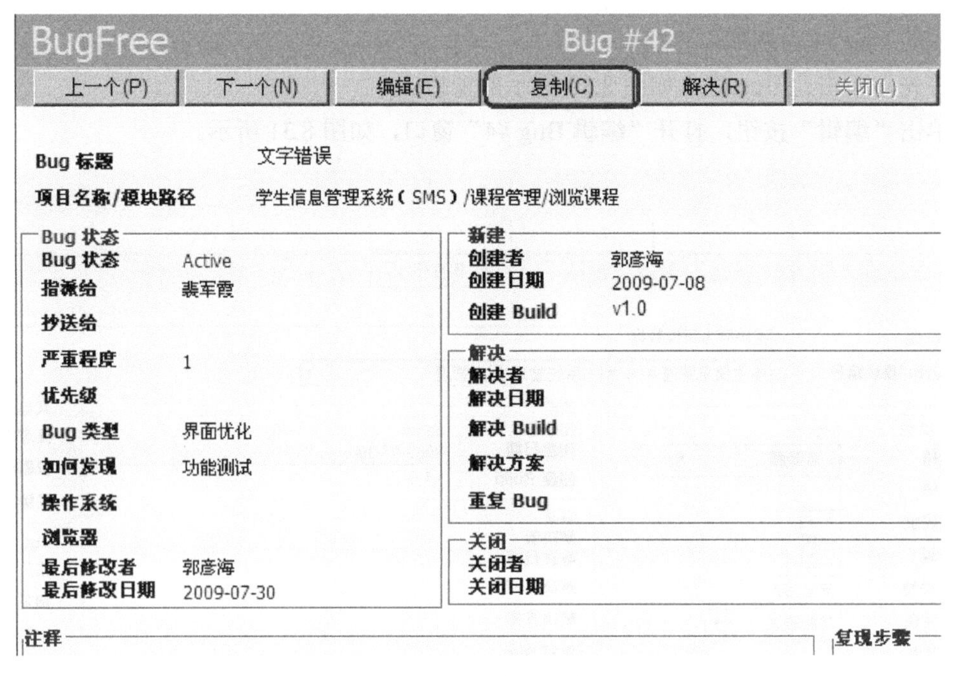

图 8.33　Bug 内容详情窗口

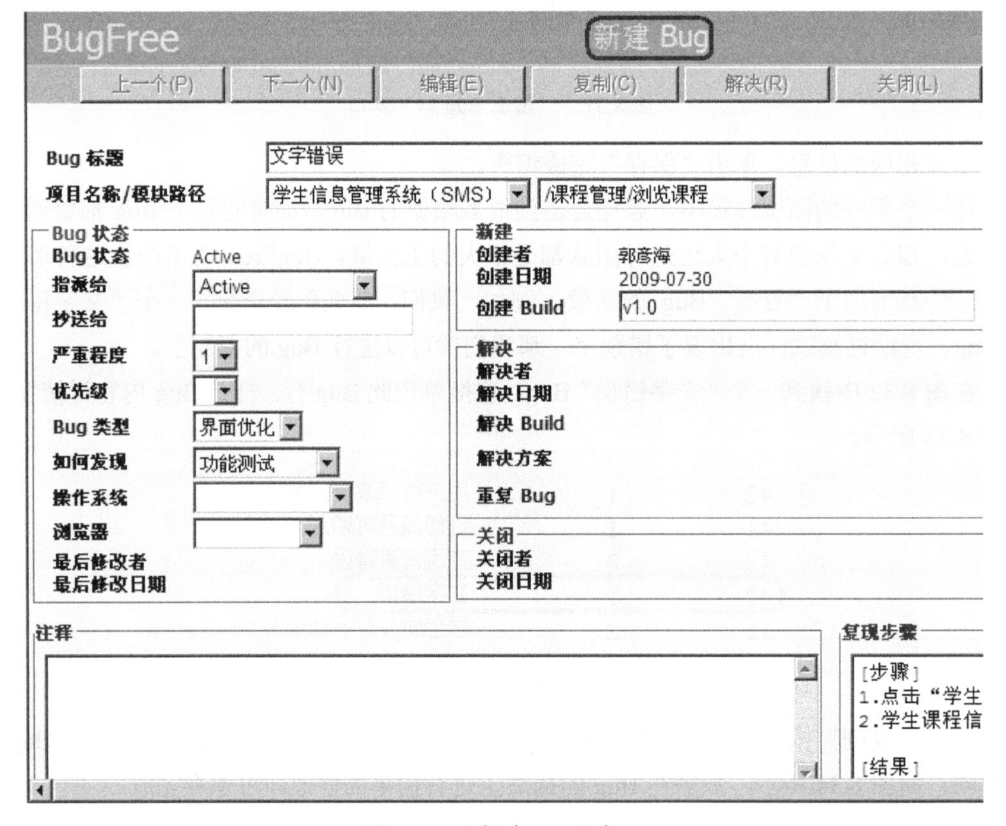

图 8.34　“新建 Bug”窗口

8.10　统计报表

前面提到过 Bug 的查询，在输入一定的查询条件后，单击“提交查询内容”按钮后会在下方显示符合条件的 Bug 信息。但是，在一个项目中一定会存在符合某一条件的 Bug 数量很多，如果想更加清晰地查看 Bug 的分布情况，则可以单击“统计报表”按钮，如图 8.35 所示。

下一页　自定义显示 | 全部导出　统计报表

控件错别字	郭彦海	李晓鹏	2009-07-09
考试类型可键盘输入	郭彦海	李晓鹏	2009-07-09
考试类型编号无字符限制	郭彦海	李晓鹏	2009-07-08
提示信息有出入	郭彦海	李晓鹏	2009-07-08
用户可修改班级编号	郭彦海	李晓鹏	2009-07-08

图 8.35　Bug 列表显示窗口

在打开的“Bug 统计报表”窗口（如图 8.36 所示）中，左侧为查看统计的方式，勾选相应的查看方式，单击“查看统计”按钮就会在右侧的空白处出现对前面 Bug 列表中的 Bug 的分布情况。

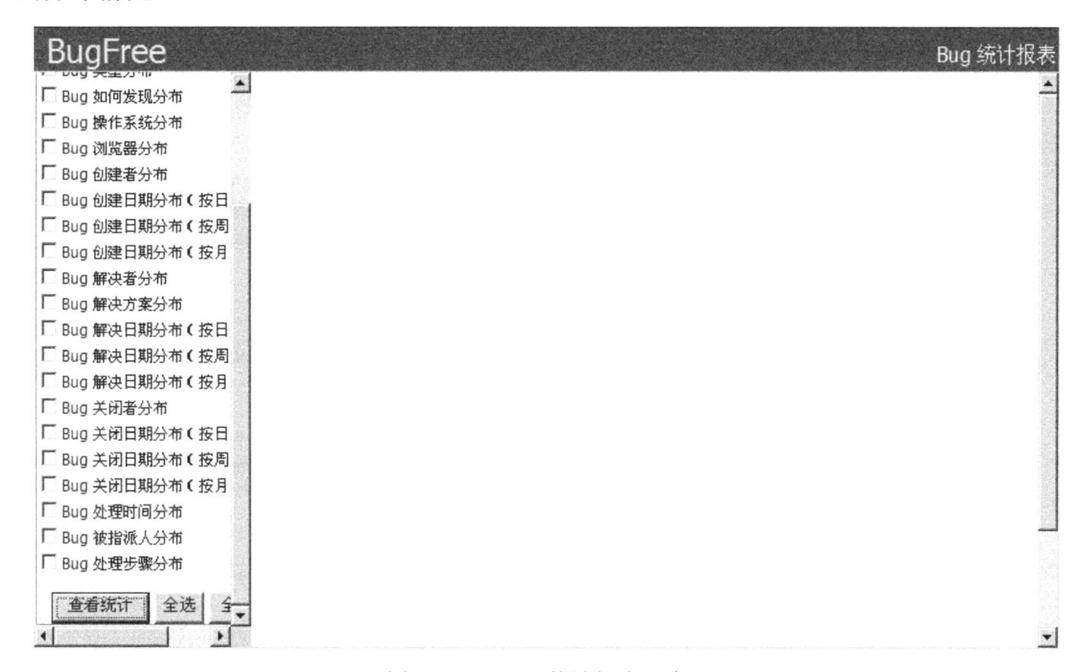

图 8.36　“Bug 统计报表”窗口

下面以一个“Bug 模块分布”查询方式为例说明。

（1）勾选“Bug 模块分布”选项，单击“查看统计”按钮，统计结果如图 8.37 所示。

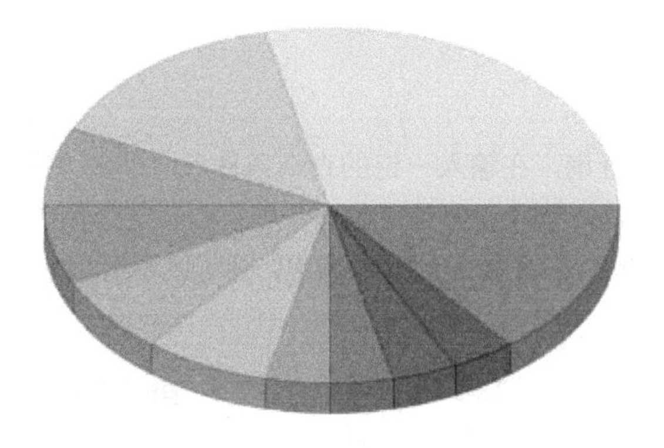

■	/系统管理/用户管理	8
■	/学生档案管理/档案添加	4
■	/	2
■	/系统管理/修改密码	2
■	/成绩管理/成绩增加	2

图 8.37　Bug 统计结果显示窗口

（2）Test Result 管理。

Test Result 只能通过运行已有测试用例来创建。打开一个已有的测试用例，单击页面上方的“运行”按钮，进入“新建 Result”界面，如图 8.38 所示。

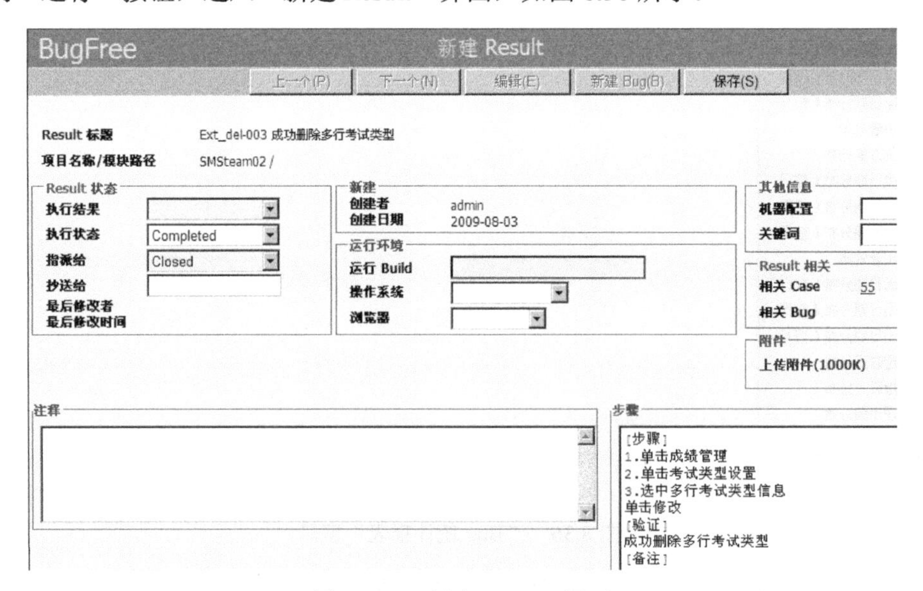

图 8.38　“新建 Result”界面

Case 标题、模块路径和步骤等信息自动复制到“新建 Result”界面中。同时，Test Result 相关 Case 自动指向该测试用例。记录执行结果（Pass 或 Failed）和运行环境信息（运行 Build、操作系统、浏览器等信息），保存测试用例，如图 8.39 所示。

图 8.39　用例保存信息显示窗口

针对执行结果为 Failed 的 Test Result，单击页面上方的“新建 Bug”按钮，创建新 Bug。Result 标题、模块路径、运行环境和步骤等信息自动复制到新的 Bug 中。同时，Test Result 相关 Bug 指向新建的 Bug。

8.11　案例分析

8.11.1　学习目标

（1）明确测试团队的组织结构、成员构成和各自的分工与职责。
（2）掌握测试报告的要点和内容。
（3）掌握 Bug 管理的概念，熟悉 Bug 在软件流程中的状态以及 Bug 的常见类型。
（4）划分 Bug 严重等级程度和优先级，了解它们的区别。

8.11.2　案例要求

（1）组建团队，根据需求划分测试模块，进行合理的分工。
（2）统一测试文档模板，各成员在 Bug 流程图中明确体现合理的分工。
（3）熟练运用 Bug 管理工具。

8.11.3　案例实施

（1）在美萍服装销售管理系统中的团队分工角色及职责与人员组成表如表 8.5 所示。

表 8.5　团队分工角色及职责与人员组成表

角色	职责	人员
测试负责人	管理测试工作	
QA	质量保证、质量控制	
功能测试	新系统的功能测试	
数据库测试	对数据库的完整准确性进行验证	
性能测试	搭建测试环境	
环境发布	搭建测试环境	

（2）测试进度安排表如表 8.6 所示。

表 8.6　测试进度安排表

测试阶段	里程碑	具体任务/输出产品	任务责任人	参与人员	起止时间	说明
第一阶段	立项	美萍服装销售管理系统计划书				
第二阶段	测试计划及评审					人员变动，且项目开发周期发生变化，故变更测试计划
		测试计划评审				
						变更测试策略，测试方案
						增加了版本入口、出口准则，修改了数据迁移部分的测试策略
						测试进度安排项目里程碑时间有完善
第三阶段	测试环境搭建	测试环境搭建				
		测试环境第二次部署				
第四阶段	功能测试执行	V0.1 版本测试报告				
		V0.2 版本测试报告				
		测试流程表				
	回归测试					
	功能测试报告	项目功能测试报告				
	功能测试报告评审	项目功能测试报告评审				
第五阶段	性能测试环境搭建					
	性能测试用例设计	项目性能测试用例				
	性能测试用例评审	项目性能测试用例评审记录				

（续表）

测试阶段	里程碑	具体任务/输出产品	任务责任人	参与人员	起止时间	说明
第六阶段	性能测试执行					
	性能测试报告	性能测试报告				
	性能测试报告评审	性能测试报告评审记录				
第七阶段	项目测试报告	项目测试报告				项目测试报告和项目性能测试报告整合
	项目整体测试报告评审	项目整体测试报告评审记录				
第八阶段	项目测试报告提交用户					审核、签字、提交用户
	结项					项目总结，项目资料备份，文档归档

（3）缺陷跟踪。

① 缺陷的严重级别表如表8.7所示。

表8.7 缺陷的严重级别表

级别名称	级别标识	严重程度描述
非常严重	Crash	造成软件的意外退出（死机、白页等），甚至系统崩溃； 造成数据丢失或者某项功能不起作用
严重	Major	软件的某个菜单不起作用或者产生错误的结果；主要功能不完善，所产生的问题会导致系统的部分功能不正常
一般	Minor	使用接口不一致，不正确； 使用状态的转化流程不流畅； 本地化软件的某字符没有翻译、翻译不准确、文字错误
轻微	Weak	软件不能完全符合用户的使用习惯； 用户使用不太方便； 某个菜单、控件没有对齐等，造成页面不美观； 标点符号丢失等易用性错误

② 缺陷的优先级别表如表8.8所示。

表8.8 缺陷的优先级别表

级别名称	严重程度描述
最高优先级	软件缺陷必须立即修正
较高优先级	新版本编译、发布前必须修正
一般优先级	发布软件最终版本前修正
低优先级	如果时间允许，尽量在软件发布前修正

③ Bug的管理流程如图8.40所示。

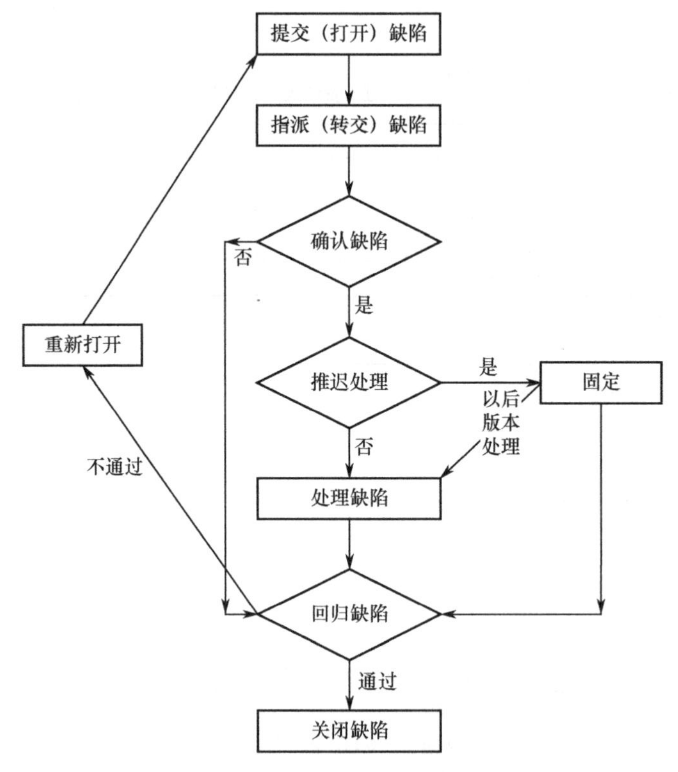

图 8.40 Bug 的管理流程

8.11.4 案例总结

团队的定义：一个清晰的团队定义有助于将新的组织形式与更传统的工作组区别开来；“一个团队由少量的人组织，这些人有互补技能，对一个共同目的、绩效目标及方法做出承诺并彼此负责。”

习题与思考

1．软件中的 Bug 有哪些类型？
2．Bug 的管理流程是怎样的？
3．如何组建软件测试团队？

第 9 章 移动软件测试

随着移动端发展的迅速，移动测试也越来越热门，这里介绍一些移动测试方法和工具。

9.1 Android 自动化测试入门基础

Android 自动化测试需要把测试环境搭建好，选择合适的测试工具进行测试。

9.1.1 第一个 Android 测试工程

本节先建立一个简单的 Android 自动化单元测试工程来演示 Android 自动化测试流程。

（1）启动 Eclipse。

（2）依次单击“File”→“New”→“Project”菜单项，在弹出的“New Project”对话框中指明要创建一个 Android 自动化测试工程，然后单击“Next”按钮，如图 9.1 所示。

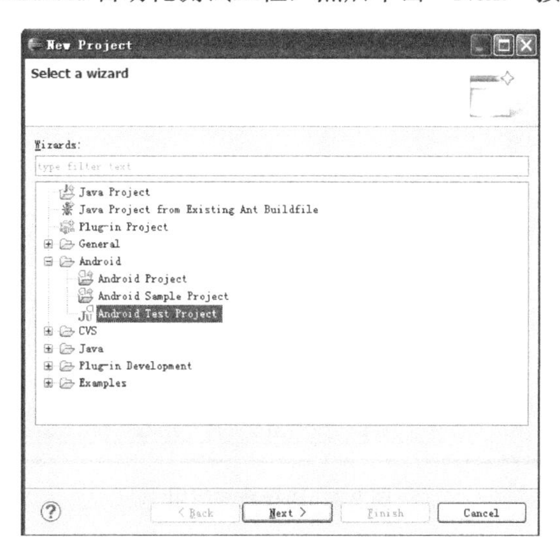

图 9.1　新建 Android 工程

（3）在弹出的“New Android Test Project”对话框中，在“Project Name”文本框中输入工程名字，这里输入“first.android.test”，单击“Next”按钮，如图 9.2 所示。

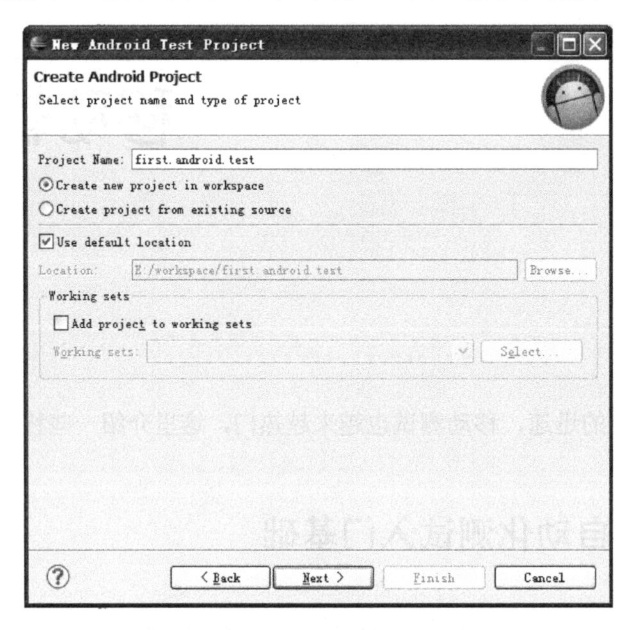

图 9.2　为新建 Android 工程命名

（4）在如图 9.3 所示的“New Android Test Project”对话框中一般选择第二个选项，将测试代码和产品代码分离，单击“Finish”按钮完成工程的创建，结果如图 9.4 所示。

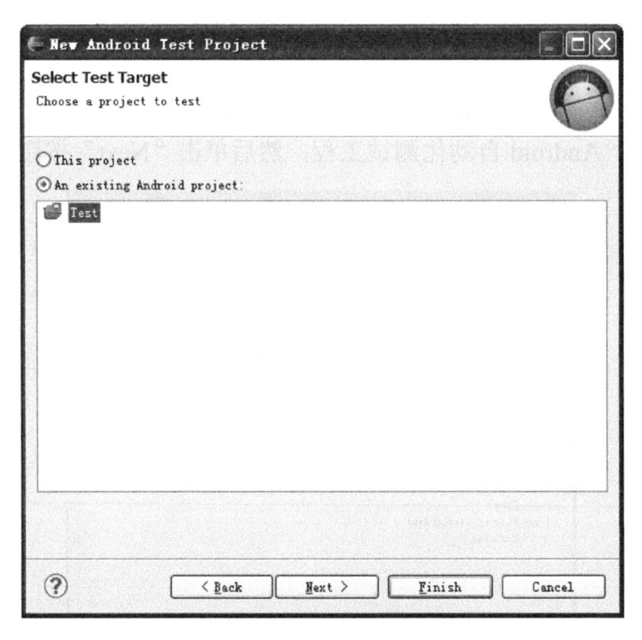

图 9.3　选择被测应用

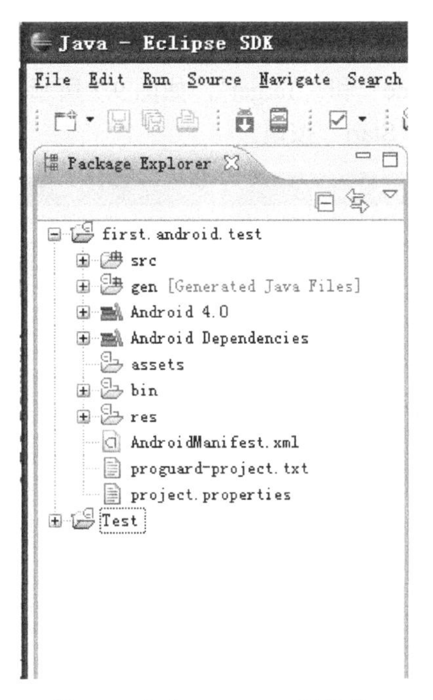

图 9.4　完成 Android 工程创建

9.1.2　搭建自动化开发环境

启动模拟器可以通过图形界面创建，单击“Window”→“AVD Manager”，或者在工具栏中直接单击“AVD Manager”图标，如图 9.5 所示。

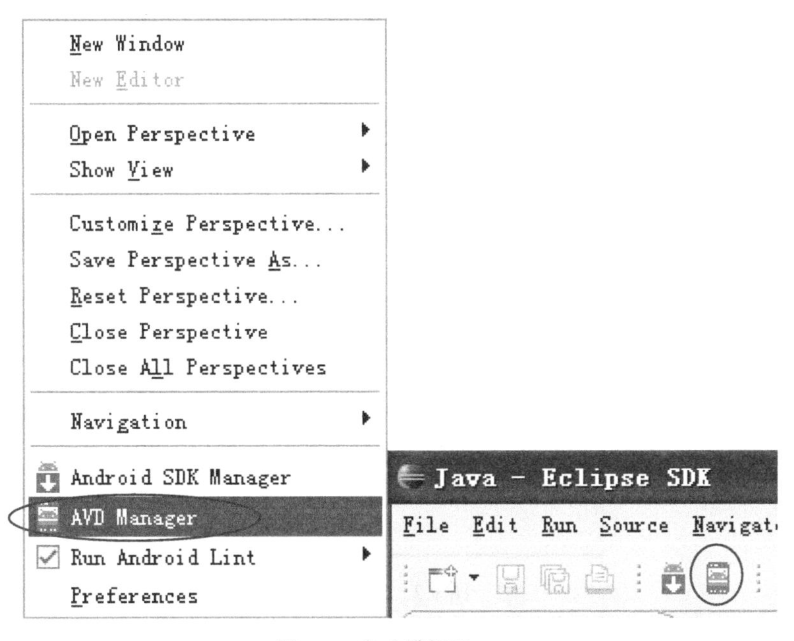

图 9.5　启动模拟器

在启动界面（如图 9.6 所示）中单击“New”按钮，在弹出的“Create new Android Virtual Device”对话框中输入“Name”和“Target”，如图 9.7 所示，单击“Create AVD”按钮。在如图 9.8 所示页面中单击“Start”按钮。

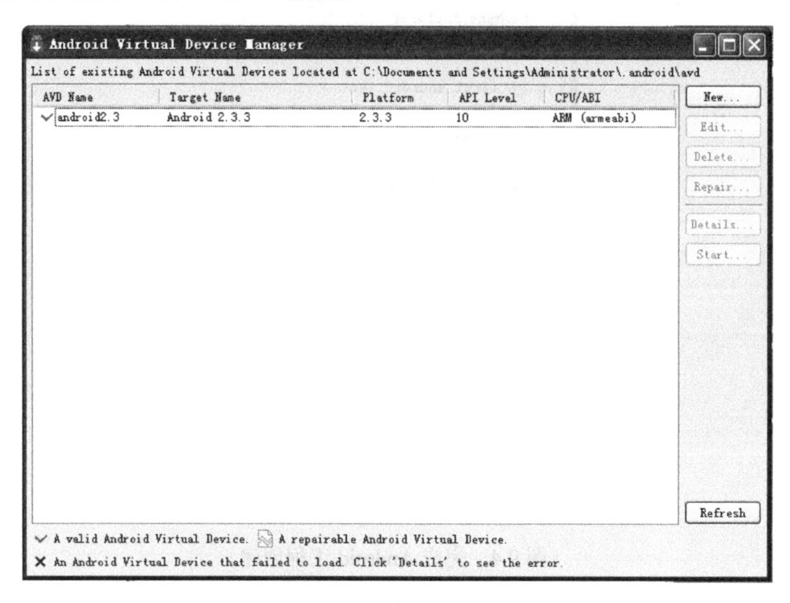

图 9.6　启动界面

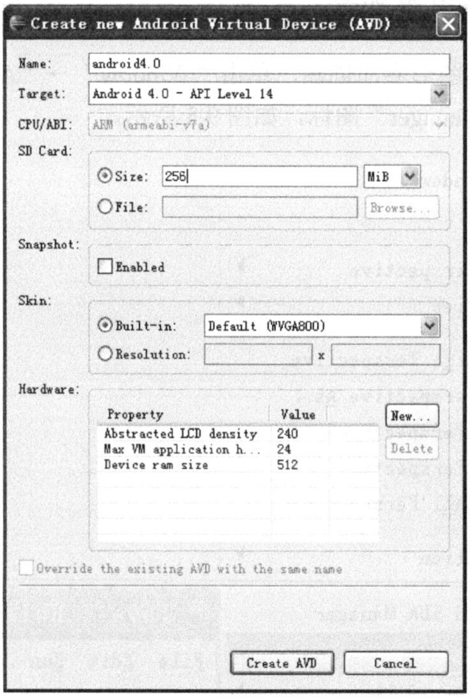

图 9.7　创建模拟器

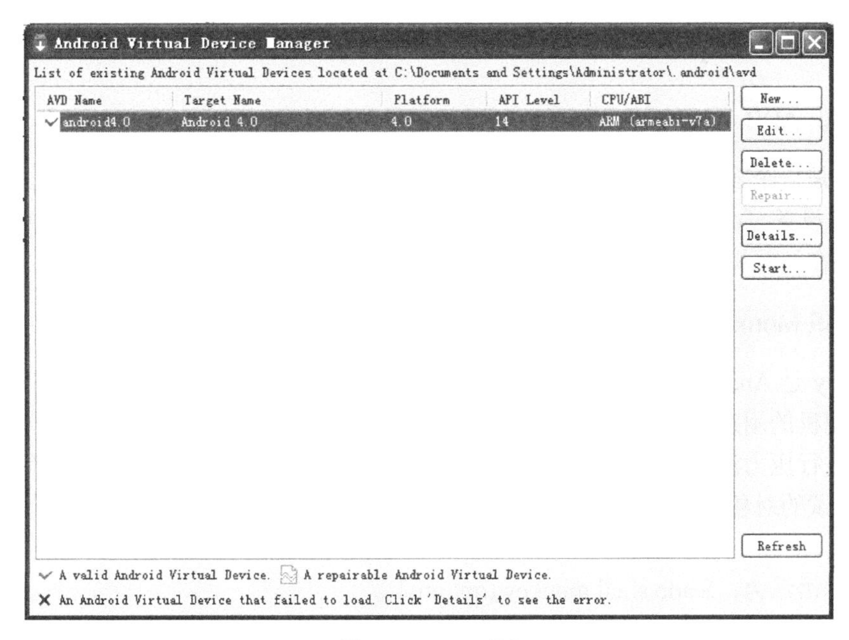

图 9.8　Start 页面

至此，模拟器启动成功，界面如图 9.9 所示。

图 9.9　启动好的模拟器界面

9.2　Android 测试工具

这里，我们选择的 Android 测试工具是比较简单实用的。

9.2.1 Monkey

1. 认识 ADB

ADB 是一个客户端-服务器端程序，其中客户端是用户用来操作的计算机，服务器端是 Android 设备。ADB 的全称为 Android Debug Bridge（起调试桥的作用）。ADB 包含在 sdk 里，想在计算机上使用该命令需要进行配置。

2. 认识 Monkey 工具

Monkey 是 Android 中的一个命令行工具，可以运行在模拟器里或实际设备中。它向系统发送伪随机的用户事件流（如按键输入、触摸屏输入、手势输入等），实现对正在开发的应用程序进行压力测试。Monkey 测试是一种测试软件的稳定性、健壮性的快速有效的方法。Monkey 测试的对象仅为应用程序包，且测试使用的事件流数据流是随机的，不能进行自定义。

其基本语法为：$ adb shell monkey [options]

3. 配置环境

（1）把 C:\eclipse\android-sdk-windows4.0\android-sdk-windows\platform-tools 目录下的 adb.exe、AdbWinApi.dll、AdbWinUsbApi.dll 复制到 C:\eclipse\an droid-sdk-windows4.0\android-sdk-windows\tools 目录下。

（2）把 QQ_82.apk（待测手机软件）也复制到 tools 目录下。

（3）在环境变量 Path 中添加 ADB 程序所在的路径，如图 9.10 所示。

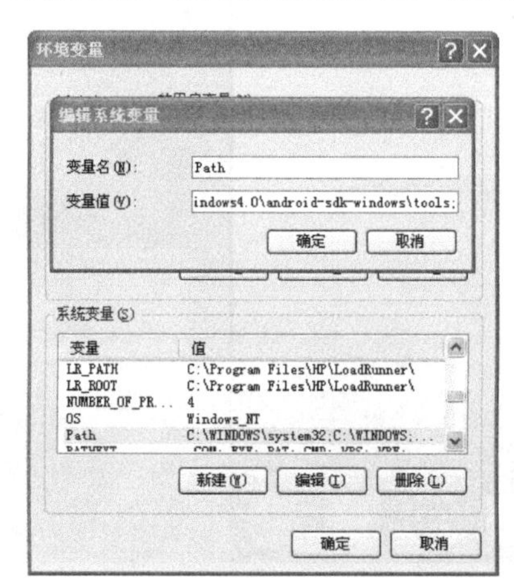

图 9.10 配置环境变量

4. Monkey 测试流程

（1）安装 apk 文件。

打开 cmd，运行 DOS 命令 cd 到 C:\eclipse\android-sdk-windows4.0\android-sdk-windows\tools 目录下；再运行如下命令：adb install 你的 apk 文件名，出现 Success 表示安

装成功，如图 9.11 所示。你会看到在模拟器中多了你安装的应用程序，如图 9.12 所示。

```
Microsoft Windows XP [版本 5.1.2600]
(C) 版权所有 1985-2001 Microsoft Corp.

C:\Documents and Settings\Administrator>cd C:\eclipse\android-sdk-windows4.0\and
roid-sdk-windows\tools

C:\eclipse\android-sdk-windows4.0\android-sdk-windows\tools>adb install QQ_82.ap
k
64 KB/s (28608702 bytes in 436.250s)
        pkg: /data/local/tmp/QQ_82.apk
Success
```

图 9.11　使用命令安装 apk 文件

图 9.12　新安装的 QQ

（2）在命令行中输入 adb devices 查看设备连接情况，如图 9.13 所示。

```
C:\Documents and Settings\Administrator>adb devices
List of devices attached
emulator-5554   device
```

图 9.13　adb devices 命令

（3）使用 aapt 命令查看 apk 版本号、包名、固件版本号，如图 9.14 所示。

```
C:\Documents and Settings\Administrator>aapt dump badging C:\eclipse\android-sdk
-windows4.0\android-sdk-windows\tools\QQ_82.apk
package: name='com.tencent.mobileqq' versionCode='82' versionName='4.5.2'
sdkVersion:'7'
```

图 9.14　使用 aapt 命令查看 apk 信息

（4）在有设备连接的前提下，在命令行中输入 adb shell 进入 shell 界面，如图 9.15 所示。如果没有做第（3）步，也可以这样获取包名：输入 ls data/data，最新装的 apk 在最上层。如图 9.16 所示。

```
C:\Documents and Settings\Administrator>adb shell
# _
```

图 9.15　进入 shell 界面

```
C:\Documents and Settings\Administrator>adb shell
# ls data/data
ls data/data
com.tencent.mm
com.tencent.mobileqq
com.android.htmlviewer
com.android.defcontainer
com.android.server.vpn
com.android.providers.applications
com.android.wallpaper.livepicker
com.android.fallback
com.svox.pico
com.android.inputmethod.latin
android.tts
```

图 9.16　获取包名

（5）输入 monkey 命令，对安装好的 apk 做测试：查找到对应的包名后，使用 monkey 命令时可用“-p”参数进行指定，此外还可以使用“-v”参数指定测试中反馈的信息，如图 9.17 所示。

```
C:\Documents and Settings\Administrator>adb shell
# monkey -p com.tencent.mobileqq -v 100
monkey -p com.tencent.mobileqq -v 100
:Monkey: seed=0 count=100
:AllowPackage: com.tencent.mobileqq
:IncludeCategory: android.intent.category.LAUNCHER
:IncludeCategory: android.intent.category.MONKEY
// Event percentages:
//   0: 15.0%
//   1: 10.0%
//   2: 15.0%
//   3: 25.0%
//   4: 15.0%
//   5: 2.0%
//   6: 2.0%
//   7: 1.0%
//   8: 15.0%
```

图 9.17　输入 monkey 命令

常用格式如下：

monkey –p 包名–v 50

其中，–p 表示对象包。

试一试输入`# monkey -p com.tencent.mobileqq -v -v 100`会出现什么情况。

–v：增加反馈信息的级别。

5．Monkey 知识点

1）9 个事件

```
--pct-touch <percent> 0
```

调整触摸事件的百分比（触摸事件是一个 down-up 事件，它发生在屏幕上的某单一位置）（——单击事件，涉及 down、up）。

```
--pct-motion <percent> 1
```

调整动作事件的百分比（动作事件由屏幕上某处的一个 down 事件、一系列的伪随机事件和一个 up 事件组成）（——注：move 事件，涉及 down、up、move 三个事件）。

```
--pct-trackball <percent> 2
```

调整轨迹事件的百分比。

```
--pct-nav <percent> 3
```

调整“基本”导航事件的百分比（导航事件由来自方向输入设备的 up/down/left/right 组成）。

```
--pct-majornav <percent> 4
```

调整“主要”导航事件的百分比（这些导航事件通常引发图形界面中的动作，如 5-way 键盘的中间按键、回退按键、菜单按键）。

```
--pct-syskeys <percent> 5
```

调整“系统”按键事件的百分比（这些按键通常被保留，由系统使用，如 Home、Back、Start Call、End Call 及音量控制键）。

```
--pct-appswitch <percent> 6
```

调整启动 Activity 的百分比。在随机间隔里，Monkey 将执行一个 startActivity()调用，作为最大限度覆盖包中全部 Activity 的一种方法（从一个 Activity 跳转到另一个 Activity）。

```
--pct-flip <percent> 7
```

调整“键盘翻转”事件的百分比。

```
--pct-anyevent <percent> 8
```

调整其他类型事件的百分比。它包罗了所有其他类型的事件，如按键、其他不常用的设备按钮等。

红色的数字对应下面百分比对应的数字。比如图 9.18 中的 0：15.0%，表示分配 --pct-touch 事件 15%。测试 100 次分配 15 次测试 down-up。

2）百分比控制

如果在 Monkey 参数中不指定上述参数，这些动作都是随机分配的，9 个动作的每个动作分配的百分比之和为 100%，我们可以通过添加命令选项来控制每个事件的百分比，进而可以将操作限制在一定的范围内。

下面先来看一下不加动作百分比控制，系统默认分配事件百分比的情况。

命令：adb shell monkey -p com.tencent.mobileqq -v 100

结果如图 9.18 所示。

```
C:\Documents and Settings\Administrator>adb shell
# monkey -p com.tencent.mobileqq -v 100
monkey -p com.tencent.mobileqq -v 100
:Monkey: seed=0 count=100
:AllowPackage: com.tencent.mobileqq
:IncludeCategory: android.intent.category.LAUNCHER
:IncludeCategory: android.intent.category.MONKEY
// Event percentages:
//   0: 15.0%
//   1: 10.0%
//   2: 15.0%
//   3: 25.0%
//   4: 15.0%
//   5: 2.0%
//   6: 2.0%
//   7: 1.0%
//   8: 15.0%
```

图 9.18　默认分配事件百分比

再看一下指定事件，控制事件百分比之后的情况。

命令：adb shell monkey -v -p com.tencent.mobileqq --pct-anyevent 100 500

结果如图 9.19 所示。

```
C:\Documents and Settings\Administrator>adb shell
# monkey -v -p com.tencent.mobileqq --pct-anyevent 100 500
monkey -v -p com.tencent.mobileqq --pct-anyevent 100 500
:Monkey: seed=0 count=500
:AllowPackage: com.tencent.mobileqq
:IncludeCategory: android.intent.category.LAUNCHER
:IncludeCategory: android.intent.category.MONKEY
// Event percentages:
//   0: 0.0%
//   1: 0.0%
//   2: 0.0%
//   3: 0.0%
//   4: 0.0%
//   5: 0.0%
//   6: 0.0%
//   7: 0.0%
```

图 9.19　控制事件百分比

说明：--pct-anyevent 100 表明 pct-anyevent 所代表的事件的百分比为 100%。

9.2.2　MonkeyRunner

1．认识 MonkeyRunner

若把现阶段的 Monkey 比成幼儿园的小孩，那么 MonkeyRunner 就是一个初中生了。它支持：自己编写插件、控制事件、随时截图。总之，任何你在模拟器/设备中能干的事情，

MonkeyRunner 都能干，而且还可以记录和回放，所以功能比 Monkey 强，可以进行功能测试等黑盒测试。

2. MonkeyRunner 的录制和回放

MonkeyRunner 能将可视化界面里面操作记录下来，然后重新播放，将 monkey_recorder.py 和 monkey_playback.py 两个文件放在 tools 目录下，如果要录制，则在 cmd 中输入 monkeyrunner monkey_recorder.py，命令输入完毕则会打开如图 9.20 所示的界面，左边是屏幕截图，可以在屏幕上单击图标模拟触控操作方式，右边会适时显示录制的脚本，如图 9.20 所示。

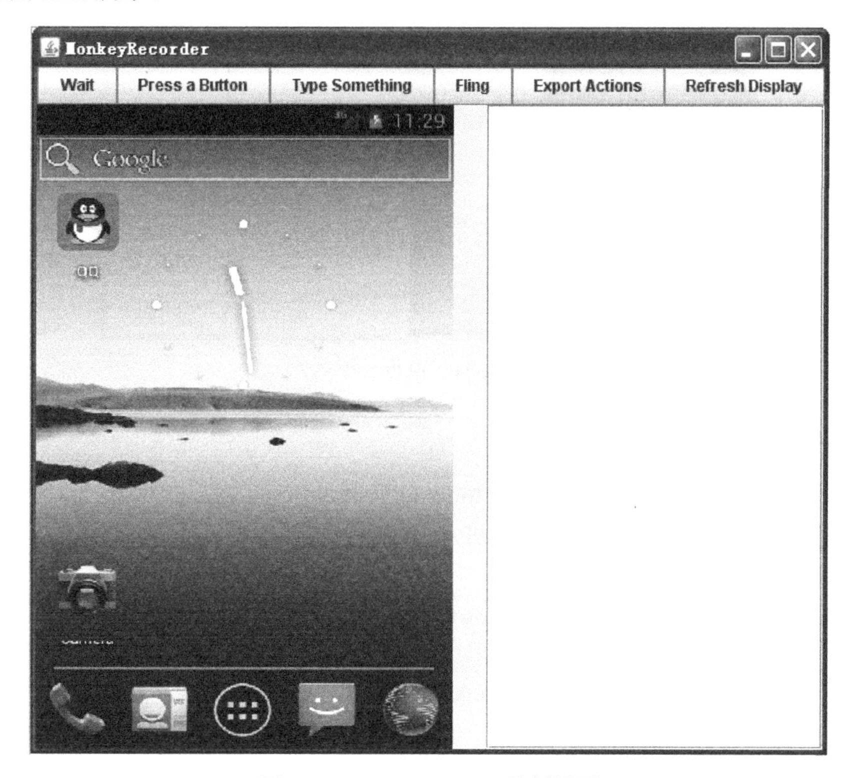

图 9.20 MonkeyRunner 录制界面

下面对该界面中的按钮进行解释，如表 9.1 所示。

表 9.1 MonkeyRunner 按钮的含义

按钮	描述
Wait	等待时间
Press a Button	发送 Menu、Home、Search 按钮，Press、Down、Up 事件
Type Something	弹出一个对话框用来输入向设备发送的字符串
Fling	模拟一个滑动手势
Export Actions	将脚本保存到指定的文件中，如 test.mr
Refresh Display	刷新当前页面

提醒用户保存名字的界面如图 9.21 所示，比如此次录制保存的脚本名字为 test.mr 回放时，只需将脚本文件传给 monkey_playback.py：monkey_playback.py test.mr。

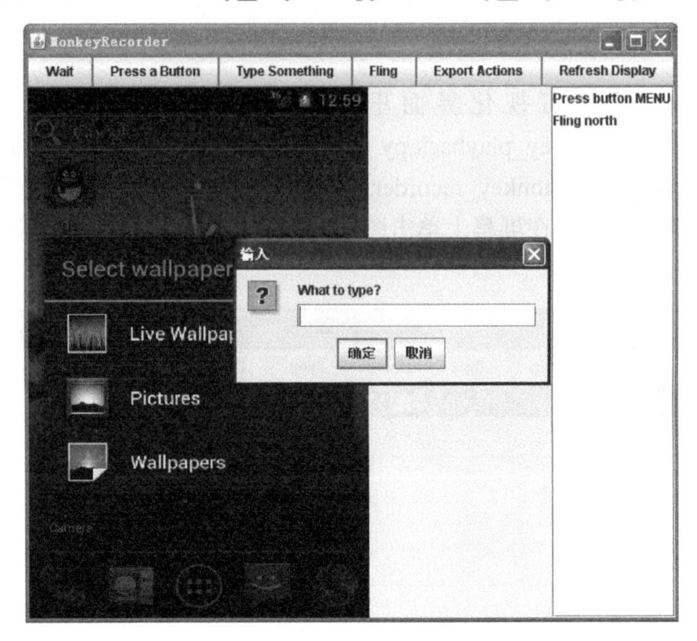

图 9.21　保存名字

3．MonkeyRunner 实例

以 Apidemos.apk 为例，先将它放在 tools 目录下。

（1）在 cmd 中输入 monkeyrunner，进入 shell 状态。

（2）引入 MonkeyRunner 的几个包：

```
    from com.android.monkeyrunner import MonkeyRunner, MonkeyDevice, Mon
keyImage
```

（3）连接当前设备，并返回一个 MonkeyDevice 对象：

```
    device = MonkeyRunner.waitForConnection()
```

（4）安装 Android 包。注意：此方法返回的值为 boolean，由此可以判断安装过程是否正常：

```
    device.installPackage("../samples/android-10/ApiDemos/bin/Apidemos.a
pk")
```

（5）启动其中的任意 activity，只要输入 package 和 activity 名称，如下所示：

device.startActivity(component="com.example.android.apis/com.example.android.apis.Api Demos")

注意：参数中“/”的前面是 package 的名字，“/”的后面是 activity 的名字，这时模拟器会自动打开 ApiDemos 这个应用程序的主页。

（6）可以模拟任何按键时间和滚动。

按下 Home 键：device.press('KEYCODE_HOME','DOWN_AND_UP')
按下 Back 键：device.press('KEYCODE_BACK','DOWN_AND_UP')
按下下导航键：device.press('KEYCODE_DPAD_DOWN','DOWN_AND_UP')
按下上导航键：device.press('KEYCODE_DPAD_UP','DOWN_AND_UP')
按下 OK 键：device.press('KEYCODE_DPAD_CENTER','DOWN_AND_UP')
所有按键名称如下。
Home 键：KEYCODE_HOME
Back 键：KEYCODE_BACK
Send 键：KEYCODE_CALL
End 键：KEYCODE_ENDCALL
上导航键：KEYCODE_DPAD_UP
下导航键：KEYCODE_DPAD_DOWN
左导航：KEYCODE_DPAD_LEFT
右导航键：KEYCODE_DPAD_RIGHT
OK 键：KEYCODE_DPAD_CENTER
上音量键：KEYCODE_VOLUME_UP
下音量键：KEYCODE_VOLUME_DOWN
Power 键：KEYCODE_POWER
Camera 键：KEYCODE_CAMERA
Menu 键：KEYCODE_MENU
（7）截图，并保存到相应目录下：

```
result = device.takeSnapshot()
result.writeToFile('C:\\Users\\Martin\\Desktop\\test.png','png')
```

9.2.3 Testin 云测试

1. 什么是 Testin

云测试（Cloud Testing）是基于云计算的一种新型测试方案。Testin 是全球最大的移动游戏、应用真机和用户云测试平台，目前拥有千余款不同型号的手机、平板、智能电视和 OTT 终端，向超过 40 万名的国内外移动游戏、应用开发者提供服务，Testin 可进行兼容性测试、性能测试、功能测试。

2. Testin 使用方法

（1）安装好的登录界面如图 9.22 所示。输入注册好的用户名和密码后，单击“登录”按钮进入如图 9.23 所示的主界面。

图 9.22　登录界面

图 9.23　主界面

（2）要让 iTestin 认识手机这个硬件设备，就必须在路径：设置→开发人员选项→USB 调试中打开，不同的安卓手机的打开路径不一样。还有一点也很重要：安装好驱动程序（我是用百度助手安装的驱动程序）后选择好你的*.apk 路径，单击“下一步”按钮进入如图 9.24 所示的界面，输入注册好的用户名和密码后，单击“登录”按钮进入如图 9.24 所示的界面。这里测试的是一个 QQ 软件。需要注意的是，这里是测试 PC 上的*.apk 文件包，而不是手机上的文件。

图 9.24　录制界面

（3）单击“录制”按钮，开始录制，需要先给录制的脚本取一个名字。如图 9.25 所示，确定后，iTestin 会将应用程序重新签名，然后安装到手机上，另外的一个录制框架包也一并安装到手机上，现在在手机端就可以直接操作，相应的操作会记录到右边，如图 9.26 所示。

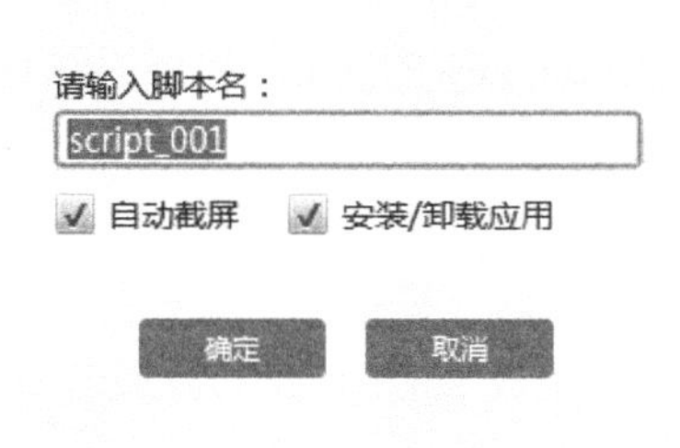

图 9.25　脚本命名界面

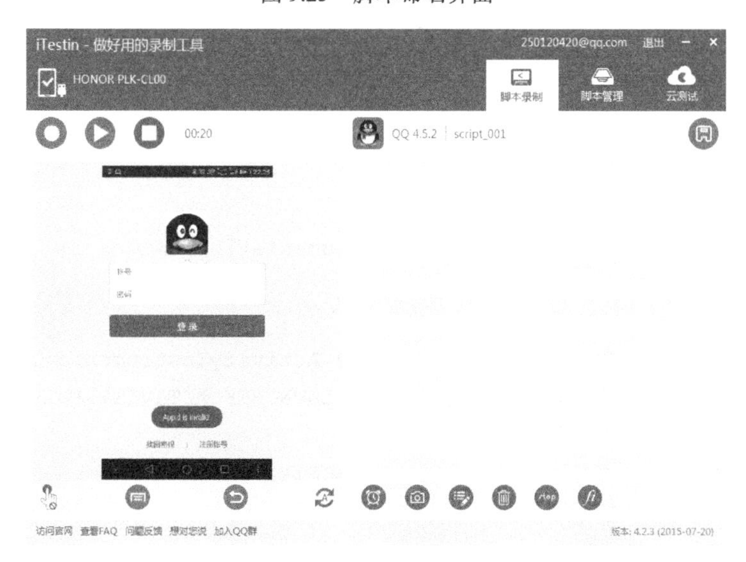

图 9.26　QQ 录制界面

现在在手机端执行操作，相应的操作步骤就会记录到右边的步骤列表中，然后可以进行回放，回放成功的脚本可以放在云端进行批量测试。

9.2.4　Robotium

Robotium 是一款国外的 Android 自动化测试框架，主要针对 Android 平台的应用进行黑盒自动化测试，它提供了模拟各种手势操作（单击、长按、滑动等）、查找和断言机制的 API，能够对各种控件进行操作。Robotium 结合 Android 官方提供的测试框架达到对应用程序进行自动化测试。

被测试项目为 demo1，下面是具体步骤。

（1）配置 ANDROID_HOME 为 android sdk 的安卓目录，例如 D:\android-sdk。

（2）在 path 下添加：%ANDROID_HOME%\tools;%ANDROID_HOME%\platf orm-tools。

（3）需要把 apk 重新签名，因为 robotium 要求被测应用和测试代码具有一致的签名，所以我们需要把下载的 apk，通过 re-sign.jar 来产生 debug key 的 apk，这个重新生成的 apk

就会与测试项目签名一致了。

（4）下载完后，需要配置 ANDROID_HOME，就是安卓 SDK 的位置，然后把 apk 拉到图标上，就会自动生成一个 debug key 的 apk，如果无法直接单击 re-sign.jar 运行，需要切换到放置该 jar 文件的目录，cmd 执行 java-jar re-sign.jar 产生新 apk 的过程中会弹出一个信息框。

（5）安装产生的 apk。打开模拟器（模拟器一定要打开才能安装成功），然后输入命令行 adb install mitalk_debug.apk（新生成 apk 的名称），或者双击 apk 文件也可以安装成功，便可在模拟器里看到该应用的图标了。

（6）打开 Eclipse，单击 File→New→Android Test Project TestDemo1，单击“下一步”按钮，选择 This project（因为我们测试的是 apk），然后选择要在哪个 Android 版本上测试。

（7）在该项目下创建一个包，com.example.demo1.test，在该包下创建 TestDemo1Apk 类，如下：

```
        package com.example.demo1.test;
        import com.robotium.solo.Solo;
        import android.test.ActivityInstrumentationTestCase2;
        import android.widget.EditText;
        @SuppressWarnings("rawtypes")
        public class TestDemo1Apk extends ActivityInstrumentationTestCase2 {
        private  static  final  String  LAUNCHER_ACTIVITY_FULL_CLASSNAME  =
"com.example.demo1.MainActivity";//启动类
        private static Class<?> launcherActivityClass;
               static{
                      try {
                             launcherActivityClass                        =
Class.forName(LAUNCHER_ACTIVITY_FULL_CLASSNAME);
                      } catch (ClassNotFoundException e) {
                             throw new RuntimeException(e);
                      }
               }
         @SuppressWarnings("unchecked")
         public TestDemo1Apk() throws ClassNotFoundException {
                      super(launcherActivityClass);
               }
        private Solo solo;
        @Override
        protected void setUp() throws Exception {
        solo = new Solo(getInstrumentation(), getActivity());
               }
        public void testcase001() throws Exception {
        //等待 Activity"MainActivity"启动
```

```
        assertTrue("无法启动启动类", solo.waitForActivity("MainActivity",
30000));
        solo.sleep(5000);
        //输入文字："131243"
        solo.enterText((EditText)solo.getView("edtInsertName"),"说些什么好呢？");
        solo.sleep(2000);
        //清空输入框的内容
        solo.clearEditText((EditText)solo.getView("edtInsertName"));
        //按下按钮 "绿色"
        solo.clickOnButton("^绿色$");
        solo.sleep(2000);
        //按下按钮 "黄色"
        solo.clickOnButton("^黄色$");
        solo.sleep(2000);
        //按下按钮 "蓝色"
        solo.clickOnButton("^蓝色$");
        solo.sleep(2000);
        //按下按钮 "看我变变变~~~"
        solo.clickOnText("^看我变变变~~~$");
        solo.sleep(5000);
            }
        @Override
        public void tearDown() throws Exception {
        solo.finishOpenedActivities();
          }}
```

（8）右键单击该项目，选择 property→java build path→Add JARs，选择已下载的robotium.jar，然后选择 Add Library，单击 Junit，选择 Junit4。

（9）在进行测试用例之前，还需要修改 AndroidManifest.xml 文件的 android:targetPackage 为被测应用的根的包名。

9.3 Android 测试案例实施

这里选择了一个很多读者都可能下载过的软件游戏进行测试。

9.3.1 了解被测对象

在软件测试之前，可以提出以下几个问题以真正了解被测对象。

1. 产品有什么特点

产品是移动端上的游戏《开心消消乐》，它最基本的特点在于过关卡，游戏的难易程度决定了使用的群体，对该产品可以在界面显示和其他游戏功能上做个性定制。

2. 明确需求

需求一般是从用户的角度提取的，一般会组织需求评审，明确需求后，就能知道对现有系统需要做哪些改动，对大致的工作量与项目的时间有一个估计。有时候，需要改变或者拒绝需求，比如对于一个支付系统来说，若对账户安全有影响，就应该坚持原则，对此提出质疑，要求改变需求。

3. 参与系统设计流程

这个时候，一般是开发者先设计一套或者多套方案，随后进行设计评审。开发人员应多参与评审过程，在把握需求的基础上，对设计提出一些建议与意见，与此同时，对测试方面的工作量也能进一步细化。有时候，采用好的建议既可节省开发与测试双发的工作，又可多了解系统内部，也有利于自身的职业发展。

4. case 设计步骤

根据设计文档，设计测试用例。在这个环节中，沟通与文档是两个重要内容，遇到不清楚的细节，一定要与上一级领导多沟通，不要自己猜，否则会造成悲剧。

5. 提测

除了上面几步确认的内容外，还要确认是否做了其他改动。

这里要强调的是以下关键问题的提出，以真正去了解这个产品的知识：

（1）产品的特点。

（2）同上，了解产品的本身的系统结构。

（3）用户最关心的产品功能。

第（3）点是移动测试最应该关心的问题，尊重用户最普通的需求。

9.3.2 制订测试计划

测试过程不可能在真空中进行。如果测试人员不了解游戏是由哪几个部分组成的，那么执行测试就非常困难；同时，测试计划可以明确测试的目标，需要什么资源，进度的安排。通过测试计划，既可以让测试人员了解此次游戏测试中哪些是测试重点，又可以与产品开发小组进行交流。这里只对测试计划中最重要的测试策略进行描述，对该软件主要进行如表 9.2 所示的测试。

表 9.2　测试计划策略表

测试类型	是否采用	说明
功能测试	采用	根据系统需求文档和设计文档，检查产品是否正确实现了功能
流程测试	采用	按操作流程进行的测试，主要有业务流程、数据流程、逻辑流程、正反流程，检查软件在按流程操作时是否能够正确处理
边界值测试	采用	选择边界数据进行测试，确保系统功能正常，程序无异常
容错性测试	采用	检查系统的容错能力，错误的数据输入不会对功能和系统产生非正常的影响，且程序对错误的输入有正确的提示信息
异常测试	采用	检查系统能否处理异常
启动停止测试	采用	检查每个模块能否正常启动停止、异常停止后能否正常启动
安装测试	采用	检查系统能否正确安装、配置
易用性测试	采用	检查系统是否易用、友好
界面测试	采用	检查界面是否美观、合理
接口测试	采用	检查系统能否与外部接口正常工作
配置测试	采用	检查配置是否合理、配置是否正常
安全性和访问控制测试	采用	应用程序级别的安全性：检查 Actor 只能访问其所属用户类型已被授权访问的那些功能或数据 系统级别的安全性：检查只有具备系统和应用程序访问权限的 Actor 才能访问系统和应用程序
性能测试	采用	提取系统性能数据，检查系统是否满足在需求中所规定达到的性能
压力测试	采用	检查系统能否承受大压力，测试产品能否在高强度条件下正常运行，不会出现任何错误
兼容性测试	采用	需要考虑用户端手机的型号、版本
回归测试	采用	检查程序修改后有没有引起新的错误、是否能够正常工作以及能否满足系统的需求

9.3.3　编写测试用例

对该游戏编写的主界面测试用例表如表 9.3 所示。

表 9.3　主界面测试用例表

测试用例标识		测试阶段：界面测试
测试项	手机游戏主界面设计	
测试项属性	A	
参照规范		
重要级别	高	
测试原因	在游戏开始的状态下，测试界面	
预置条件	1. 下载游戏并安装 2. 打开游戏	

（续表）

测试用例标识		测试阶段：界面测试
输入	1．单击游戏，进入界面的图标正常显示，进度条正常显示 2．出现“开始游戏”和“切换账号”按钮，图片像素完整、图像没有出屏 3．单击“开始游戏”按钮，进入关卡的顶层，每个连接是否都能正常打开 4．音效正常、可以正确地打开及关闭音效 5．文字正常显示，没有出现文字出屏、错别字、敏感字、脏话等 6．单击最新关卡开始新游戏 7．继续游戏，从上次存档点开始继续游戏 8．退出游戏，单击后，游戏关闭	
测试执行步骤		
预期输出结果		

登录测试用例表如表 9.4 所示。

表 9.4　登录测试用例表

测试用例标识		测试阶段：功能测试
测试项	账号登录功能测试	
测试项属性	A	
参照规范		
重要级别	高	
测试原因	测试能否正常实现账号登录	
预置条件	打开游戏进入账号登录界面	
输入	1．单击“账号登录”按钮 2．出现选择登录方式提示框，单击 QQ 登录按钮 3．如果以前已经登录过，则会自动出现 QQ 登录账号成功提示框，单击“确定”按钮继续游戏 4．如果再次登录，“账号登录”按钮换成了“切换账号”按钮 5．进入界面后单击右上角“切换账号”，到达切换账号界面，可以选择以前的留下足迹的账号，也可以以新的账号进行登录	
测试执行步骤		
预期输出结果		

添加账号测试用例表如表 9.5 所示。

表 9.5　添加账号测试用例表

测试用例标识		测试阶段：功能测试
测试项	添加账号功能等价类测试	
测试项属性	A	
参照规范		
重要级别	高	
测试原因	测试能否正常实现账号添加	
预置条件	打开游戏进入账号切换界面	
输入	1．单击“添加账号” 2．输入正确的用户名和密码，正常登录 3．不输入用户名和密码，直接单击“登录”，出现“登录失败” 4．只输入用户，单击“登录”，出现“请输入密码” 5．只输入密码，单击“登录”，出现“请输入用户名” 6．输入错误的用户名和密码，提示：请输入正确的账号 7．输入正确的用户名、错误的密码，提示：账号或密码错误，请重新输入 8．输入错误的用户名、正确的密码，提示：账号或密码错误，请重新输入	

（续表）

测试用例标识		测试阶段：功能测试
测试执行步骤		
预期输出结果		

9.3.4　执行测试用例

测试用例设计完毕后，接下来的工作是测试执行。在测试执行中应该注意以下问题。

1．搭建软件测试环境，执行测试用例

测试环境搭建之后，根据定义的测试用例执行顺序，逐个执行测试用例，同时还要注意：

（1）全方位地观察测试用例执行结果：在测试执行过程中，当测试的实际输出结果与测试用例中的预期输出结果一致时，是否可以认为测试用例执行成功了？答案是否定的，即便实际测试结果与测试的预期结果一致，也要查看软件产品的操作日志、系统运行日志和系统资源使用情况，来判断测试用例是否执行成功了。全方位观察软件产品的输出可以发现很多隐蔽的问题。

（2）加强测试过程记录：在测试执行过程中，一定要加强测试过程记录。如果测试执行步骤与测试用例中描述的有差异，一定要记录下来，作为日后更新测试用例的依据；如果软件产品提供了日志功能，比如有软件运行日志、用户操作日志，一定要在每个测试用例执行后记录相关的日志文件，作为测试过程记录，一旦日后发现问题，开发人员可以通过这些测试记录方便地定位问题，而不用测试人员重新搭建测试环境，为开发人员重现问题。

（3）及时确认发现的问题：在测试执行过程中，如果确认发现了软件的缺陷，那么可以毫不犹豫地提交问题报告单。如果发现了可疑问题，又无法定位是否为软件缺陷，那么一定要保留现场，然后通知相关开发人员到现场定位问题。如果开发人员在短时间内可以确认是否为软件缺陷，测试人员应给予配合；如果开发人员定位问题需要花费很长的时间，测试人员千万不要因此耽误自己宝贵的测试执行时间，可以让开发人员记录问题的测试环境配置，然后，回到自己的开发环境上重现问题，继续定位问题。

2．及时更新测试用例

在测试执行过程中，应该注意及时更新测试用例。往往在测试执行过程中，才发现遗漏了一些测试用例，这时应该及时补充；往往也会发现有些测试用例在具体的执行过程中根本无法操作，这时应该删除这部分用例；也会发现若干个冗余的测试用例完全可以由某一个测试用例替代，那么删除冗余的测试用例。

注意上述两个问题，搭建好手机上的环境就可以执行《开心消消乐》游戏的测试用例。

9.3.5 Andriod 自动化测试

这里利用前面讲到的 iTestin 对开心消消乐手机游戏做测试，连接手机，选择应用路径，界面如图 9.27 所示，单击“下一步”按钮，单击“录制”按钮，输入脚本名（如图 9.28 所示），安装界面如图 9.29 所示，最后的截图界面如图 9.30 所示。

图 9.27　选择应用界面

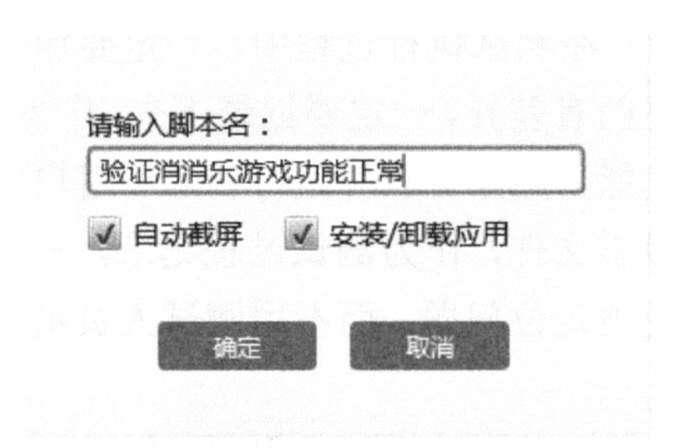

图 9.28　输入脚本名

图 9.29　安装界面

图 9.30　截屏界面

可以双击右侧的界面修改脚本内容，如图 9.31 所示。

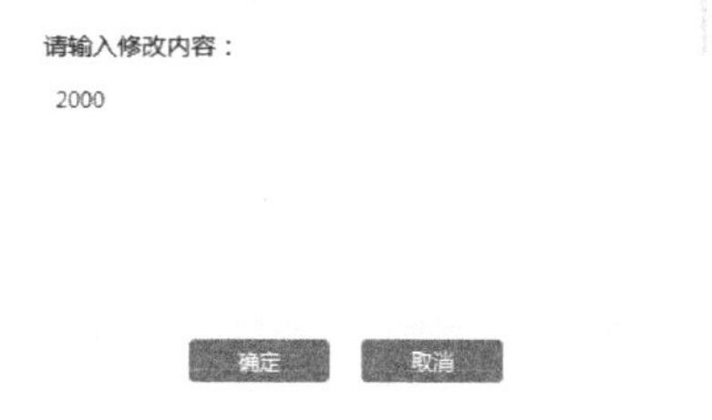

图 9.31　修改内容界面

录制完成后单击“停止”按钮，可以停止录制，在相同界面中单击“回放”按钮，输入回放次数，如图 9.32 所示。回放成功界面如图 9.33 所示。

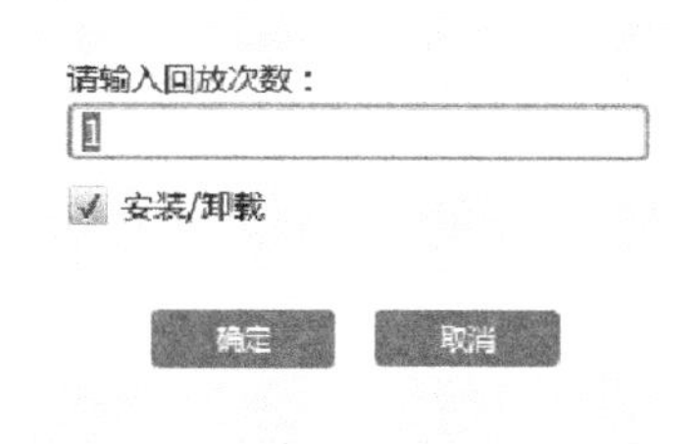

图 9.32　输入回放次数界面

图 9.33　回放成功界面

9.3.6 提交 bug 总结报告

软件测试提交的问题报告单和测试日报一样，都是软件测试人员的工作输出，是测试人员绩效的集中体现。因此，提交一份优秀的问题报告单是很重要的。软件测试报告单最关键的域就是“问题描述”，这是开发人员重现问题、定位问题的依据。问题描述应该包括以下几部分内容：软件配置、硬件配置、测试用例输入、操作步骤、输出、当时输出设备的相关输出信息和相关的日志等。由于前面章节已介绍，这里不再赘述。

习题与思考

简答题

1．Monkey 和 monkeyrunner 的区别是什么？

2．简述 iTestin 的安装和使用方法。

3．移动应用的测试过程是什么？